W0262934

Bodenbildung und Bodeneinteilung

(System der Böden)

von

Dr. E. Ramann

o. ö. Professor an der Universität
München

Springer-Verlag Berlin Heidelberg GmbH
1918

ISBN 978-3-642-90284-0   ISBN 978-3-642-92141-4 (eBook)
DOI 10.1007/978-3-642-92141-4

Alle Rechte, insbesondere das der
Übersetzung in fremde Sprachen, vorbehalten

Vorrede.

Die vorliegende Schrift versucht eine Übersicht der grundlegenden Tatsachen der Bodenbildung zu geben, den engen Zusammenhang zwischen Klima und Boden auch weiteren Kreisen vorzuführen, die Beziehungen der Böden untereinander aufzuweisen und hierdurch zur Einordnung der Bodenformen auf naturgesetzlicher Grundlage, also zu einem System der Böden zu gelangen.

Wieweit dies gelungen ist, kann erst die Zukunft erweisen; zahlreiche Versuche sind gemacht worden, die verwirrende Mannigfaltigkeit der Böden systematisch zu erfassen, ohne zu einer Übereinstimmung der Bodenforscher über die allgemeinen Grundlagen zu gelangen.

Jede bisher gebrauchte Bodeneinteilung hat ihre Vorzüge, jede bringt bestimmte Bodeneigenschaften zur Anschauung; jedes System löst beim kundigen Hörer bestimmte Vorstellungen über eine Anzahl wichtiger Bodeneigenschaften aus. Der Zweck der fortschreitenden Wissenschaft darf es nicht sein, gutes Altes zu beseitigen, sondern es auf verbreiterter Grundlage einzuordnen und dadurch für das Verständnis erst recht nutzbar zu machen. Es findet daher in der vorgeschlagenen Einteilung jede bisher benutzte Bodeneinteilung ihren Platz; es wird versucht, sie innerhalb der Schranken zu verwerten, welche ihrer Bedeutung entsprechen. Man denke nur an die alte Bodeneinteilung nach den Korngrößen, in Sand-, Lehm-, Tonböden; mit diesen Bezeichnungen verbindet sich sofort ein Bild wichtiger Bodeneigenschaften, Wasserführung, Durchlüftbarkeit, Erwärmbarkeit usw. der Böden werden kenntlich; nicht zum Ausdruck kommen andere Eigentümlichkeiten. Es ist daher ebenso verfehlt, diese Bezeichnungen aufzugeben, wie sie zur Grundlage der Einteilung aller Böden zu machen.

Ähnliches gilt z. B. für die Wasserführung der Böden. Genügender Wassergehalt ist nicht nur die Voraussetzung des organisierten Lebens, sondern das Wasser übt tiefgehenden Einfluß auf die Vorgänge der Bildung und auf die Umsetzungen im Boden. Will man von einem Gesichtspunkt ausgehend die Böden einordnen, so ist ohne Zweifel die Wirkung des Wassers dazu am geeignetsten. Die Böden sind aber Produkte sehr verschiedenartiger Einwirkungen, von denen die des Wassers zwar die wichtigste, aber doch nur eine ist; seine ausschließliche Berücksichtigung führt zu einer Ordnung, die man etwa mit dem Linnéischen Pflanzensystem vergleichen kann: auf einheitlicher Grundlage aufgebaut, wohl geeignet, raschen Überblick zu ermöglichen und doch außerstande, die inneren Zusammenhänge in ihrer Gesamtheit zu erfassen.

Das vom Verf. vorgeschlagene System der Bodeneinteilung beruht auf klimatischen Grundlagen. Die Böden sind das Ergebnis der Verwitterung, zu der auch die Wirkung des Wassers und die Zersetzung der abgestorbenen Pflanzenteile gehören. Die Verwitterung ist abhängig vom Klima, welches den Verwitterungsprodukten wechselnde, in Gebieten gleichen Klimas aber ähnliche Eigenschaften aufprägt. Auch die Einwirkungen des Tier- und Pflanzenreiches auf die Böden beruhen wie das ganze organisierte Leben auf klimatischer Grundlage.

Die Gesteine, aus denen die Böden hervorgehen, sind nach Zusammensetzung und Eigenschaften verschieden. Die Produkte ihrer Verwitterung werden voneinander mehr oder weniger abweichen. Der Einfluß des Gesteins kann sich aber natürlich nur soweit geltend machen wie die Verbreitung der einzelnen Gesteine reicht.

Ähnliches gilt von der Verteilung des Wassers im Boden. Die Gesamtmenge des vorhandenen Wassers ist klimatisch bedingt, örtlich kann aber durch Zufluß, sowie durch langsameren oder schnelleren Abfluß die Wasserverteilung stark beeinflußt werden. Gesteinsbeschaffenheit wie Wasserführung der Böden sind Einflüsse, welche die Bodeneigenschaften örtlich verändern.. Sie mögen auf kleinem Raum beschränkt sein oder ganze Länder umfassen, gegenüber der Klimawirkung handelt es sich doch nur um örtliche Vorkommen.

Pflanzen und Tiere leben auf und in dem Boden. Die Beziehungen zwischen den belebten und unbelebten Teilen des Bodens sind eng, wenn auch bisher nur wenig erforscht. Es ist eine der reizvollsten Aufgaben der Bodenkunde, das innige Zusammenleben zwischen Boden und Organismen zu untersuchen und ihre Zusammengehörigkeit nachzuweisen. Langsam bricht sich die Erkenntnis Bahn, daß es sich dabei nicht um zufällige Vorkommen, sondern um ein inniges Zusammenwirken, im übertragenen Sinne um Symbiosen zwischen der organisierten und unorganisierten Welt handelt. Der Einfluß der Organismen auf den Boden verändert sich mit der Veränderung der Flora und Fauna, es sind also auf bestimmte äußere Verhältnisse beschränkte Einwirkungen, welche für die praktische Anwendung der Böden hohen Wert haben, aber zur Einteilung der Böden nur im beschränkten Maße herangezogen werden können.

Legt man die Klimawirkungen zugrunde, so ergibt sich für die Bodenformen zwanglos folgende Einteilung:

1. Klimatische Bodenzonen und Regionen. Die Böden tragen gemeinsame Eigentümlichkeiten, welche durch die Klima bedingt sind.

2. Ortsböden. Innerhalb der klimatischen Bodenzonen bilden die Ortsböden Unterabteilungen, welche durch besondere Einflüsse (Grundgestein, Wasserführung, Korngröße, Ortslage usw.) abweichende Eigenschaften aufweisen.

3. Biologisch beeinflußte Böden.

Diesen drei Gruppen ordnen sich alle Bodenformen ein.

Zur Kartierung eignen sich nur die beiden ersten Gruppen, es sind dauernde Einflüsse, denen der Boden unterliegt.

Während die anderen Gebiete naturwissenschaftlicher Forschung längst ihre Selbständigkeit errungen haben, hat die Bodenkunde noch um ihren Platz an der Sonne zu kämpfen. Am schwersten lastet auf ihr die jetzt vorhandene Abhängigkeit von der Agrikulturchemie, welche als angewandte Wissenschaft in erster Linie praktischen Zwecken zu dienen hat. Der Bodenkunde sind andere Ziele zu stecken, sie hat als selbständiges Gebiet des Wissens sich der freien Erforschung des Bodens zu widmen; die wissenschaftliche Durchforschung des Bodens schließt den Ring der Naturwissenschaften und wird den Menschen erst ganz zum Herren der Erde machen.

Die Erfahrung hat gelehrt, daß die Ergebnisse der freien Forschung den Weg weisen, um auch die höchsten praktischen Ziele zu erreichen. Es liegt kein Grund vor, anzunehmen, daß die wissenschaftliche Bodenkunde nicht auch zu praktisch wertvollen Ergebnissen führen wird; sie allein ist imstande, dem Landwirt eines seiner wichtigsten Produktionsmittel, den Boden, mit Sicherheit benutzen zu lehren. Es ist einer der schlimmsten, leider aber noch immer vorhandenen Irrtümer, bei wissenschaftlichen Arbeiten die Frage nach dem praktischen Zweck der Ergebnisse voran zu stellen. Die Wissenschaft ist sich Selbstzweck, sie hat die menschliche Erkenntnis zu fördern, unbekümmert darum, ob sofort ihre nützliche Anwendung möglich ist. Gerade wir Deutschen haben Ursache, der Wissenschaft dankbar zu sein. Ohne die Hilfe der wissenschaftlichen Landwirtschaft würde unser Boden nicht zur Ernährung unserer Bevölkerung während des Krieges ausgereicht haben. Ohne die Forschungen über Katalyse und Kontaktsubstanzen, scheinbar ganz weltfremde Dinge, wäre nie die Überführung des Stickstoffs in Salpetersäure möglich gewesen. Was das heißt ist noch lange nicht in das Bewußtsein unseres Volkes gedrungen; wäre der Weltkrieg einige Jahre früher ausgebrochen, so hätte Deutschland nach längstens Jahresfrist aus Mangel an Nitraten einen schimpflichen Frieden schließen müssen, wäre es längst seinen Feinden auf Gnade und Ungnade ausgeliefert gewesen. Darum ist die Förderung der Wissenschaft in allen ihren Zweigen nicht nur eine der höchsten Kulturaufgaben, sondern der Weg, ein Volk dauernd auf der Höhe zu erhalten.

Im Verlaufe der beiden letzten Jahrzehnte hat die bodenkundliche Forschung kräftigen Aufschwung genommen. Die Fortschritte der Kolloidchemie eröffneten neue Anschauungen; die Ausbildung der Methoden der physikalischen Chemie gestattete, Fragen in Angriff zu nehmen, die früher kaum lösbar erschienen. Aber nicht nur die Kunst, auch die Wissenschaft muß leider nach Brot gehen. Es fehlt bisher an bodenkundlichen Lehrstühlen. Nur die norddeutschen forstlichen Hochschulen und die Universität München besitzen vollwertige bodenkundliche Professuren. Deutschland steht hierin gegenüber anderen Ländern zurück; leider auch in den Besitz von einem Forschungsinstitut, wie z. B. es die Vereinigten Staaten von Nordamerika in dem Bureau of Soils, einer vorwiegend der wissenschaftlichen Bodenforschung dienenden Einrichtung, haben.

Der Verfasser übergibt die kleine Schrift der Öffentlichkeit mit dem Wunsche, daß sie der schönen und so außerordentlich mannigfaltigen Wissenschaft der Bodenkunde neue Freunde erwerben und bodenkundliche Kenntnisse in weitere Kreise tragen möge.

München, Oktober 1917.

Kgl. bayrische forstliche Versuchsanstalt.

Inhaltsübersicht.

Die Durchforschung der Böden hat erst spät eingesetzt; erst in den letzten Jahrzehnten widmete sich eine größere Anzahl Forscher der Aufgabe, die Böden nach verschiedenen Richtungen zu untersuchen; zur Zeit ist ein reger Aufschwung im Studium der Bodenkunde unverkennbar. Der Zeitabschnitt, in dem die Kenntnis der Bodeneigenschaften wesentlich nur für die Zwecke des Pflanzenwuchses zu dienen hatte, neigt sich seinem Ende entgegen, und die Forderung, die Böden in gleicher Weise zum Gegenstand rein wissenschaftlicher Untersuchung zu machen, wie dies für die anderen Gebiete der Naturwissenschaft längst geschieht, gewinnt immer neue Anhänger.

Das befremdende Zurückbleiben der Bodenlehre hinter den anderen Gebieten naturwissenschaftlicher Forschung beruht wohl nicht am wenigsten auf der geringen Sinnfälligkeit des Bodens. Das Auge erkennt die Pflanzenverteilung in ihren mannigfaltigen Formen als Wald, Wiese, Steppe, Savanne; die Tierwelt macht sich durch die freie Beweglichkeit vieler ihrer Glieder bemerkbar, der Boden mit seinen meist fahlen Farben entzieht sich zumeist der Beobachtbarkeit unter einer Decke von lebenden oder abgestorbenen Pflanzen. Selbst wenn Einschnitte den Bodenbau freilegen, haftet das Auge leichter am anstehenden Grundgestein als an den unansehnlichen Schichten, in denen sich die Pflanzenwurzeln verbreiten.

Der Boden ist die oberste Verwitterungsschicht der Erdfeste, er besteht aus zerkleinertem und chemisch verändertem Gestein und Resten der Pflanzen und Tiere, welche auf und in ihm leben.[1]

Die Verwitterung ist klimatisch bedingt; je nach Temperatur und Niederschlägen ist ihr Verlauf und sind ihre Produkte verschieden. Gleiches gilt für die Pflanzen und Tiere, die Möglichkeit ihrer Erhaltung und ihres Gedeihens ist klimatisch bedingt.

Der Boden ist das Ergebnis der Verwitterung der Gesteine wie des organisierten Lebens, und da diese beiden Kreise vom Klima abhängen, so hängt natürlich der Boden selbst vom Klima ab. Die Erfahrung zeigt, daß die Eigenschaften der Böden um so einheitlicher werden, je extremer das Klima ist, zuletzt treten Grundgestein und Geländeausformung ganz zurück und ein gleichbleibender Boden überdeckt in weiter Erstreckung das Land. Die Steppen Osteuropas wie die Prärien Nordamerikas haben gleiche Bodenformation, die durch ihre Fruchtbarkeit bekannte Schwarzerde überzieht ohne nennenswerte Änderung in ihren Eigenschaften Zehntausende von Quadratkilometern.

Im gemäßigten Klima, zumal bei Klimawechsel in den verschiedenen Jahreszeiten, sind die Böden viel mannigfaltiger, je nach dem Grundgestein und der Ortslage zeigen sich Abweichungen in der Bodenbeschaffenheit; oft wechselt der Boden stark auf kurze Entfernung. Erst der Vergleich einer großen Anzahl von Böden läßt den gemeinsamen Typus unter der oft verwirrenden Mannigfaltigkeit hervortreten.

Um zum Verständnis der Bodenbildungen zu kommen, muß man vom Klima ausgehen.

Die Großwerte des Klimas sind:

1. Temperatur; ihre Höchst-, Mittel- und Mindestwerte; die Häufigkeit der Schwankungen der Temperatur und die Zeitdauer der Temperaturen über und unter dem Gefrierpunkt des Wassers sind für die Bodenbildung wichtige Werte;

2. Niederschläge; die Höhe der Wasserzufuhr als Regen und Schnee; ihre zeitliche Verteilung im Laufe des Jahres; die Stärke der einzelnen Niederschläge;

3. Verdunstung; besonders das Verhältnis zwischen der Menge und Häufigkeit der Niederschläge und der Höhe der Verdunstung sowie die zeitliche Verdunstung im Jahreslauf sind ebensowohl für Boden wie für die Organismen, besonders die Pflanzen, von grundlegender Wichtigkeit.

Die Meteorologie arbeitet zumeist mit dem Begriff der Luftfeuchtigkeit. Es kann gar nicht oft und eindringlich genug darauf hingewiesen werden, daß die Luftfeuchtigkeit für das organisierte Leben wie für Verwitterung und Bodenbildung keine unmittelbare Bedeutung hat, sondern daß es die Höhe der Verdunstung und nur die Verdunstung ist, welche den wichtigsten gestaltenden Einfluß auf die Pflanzenwelt und die Bodenbildung ausübt. Die Angaben der Luftfeuchtigkeit der meteorologischen Beobachtungen sind nur das bisher einzig vorliegende Material, um einen notdürftigen Einblick in die Stärke der Verdunstung zu gewinnen.[2]

Bodenklima. Das Klima des Bodens weicht stark, zum Teil sehr stark vom Luftklima ab. Untersuchungen über das Bodenklima liegen bisher nur in beschränktem Umfange vor und beziehen sich zumeist auf den Einfluß einer Pflanzendecke, Schneedecke usw. auf die Bodentemperatur. Unter den Bodenforschern hat namentlich E. Wollny zahlreiche Untersuchungen über den Einfluß der Bodendecken sowie der physikalischen Bodeneigenschaften wie Korngrößen und Lagerungsweise veröffentlicht.[3] Die Bodentemperatur weicht von der herrschenden Lufttemperatur ab, wechselt an der Oberfläche und der obersten Bodenlage stark im Laufe der Tages- und Jahreszeiten, während bereits in etwa 70 cm Tiefe die täglichen, in 10 bis 20 cm Tiefe die jährlichen Schwankungen nicht mehr meßbare Größe haben. Die Temperatur der Bodenoberfläche beeinflußt die Höhe der Verdunstung und damit die Wasserbewegung im Boden in hohem Grade.

In der Natur machen sich Temperaturunterschiede des Bodens je nach Freilandboden oder Pflanzendecke stark bemerkbar. Im allgemeinen setzen Pflanzendecken gegenüber Freilandboden die Mitteltemperaturen des Bodens während der täglichen und jährlichen Höchsttemperatur stark herab und wirken dadurch, da auf die Verdunstung sinkt, wie eine Versetzung des Bodens in ein feuchteres und kühleres Klima. Die Höchsttemperaturen, welche ausgetrocknete Bodenoberflächen bei freier Sonnenbestrahlung erreichen, sind hoch; die absolute erreichbare Temperaturhöhe ist noch nicht festgestellt, aber sie ist so beträchtlich, daß auch in gemäßigten Gebieten empfindliche Pflanzen beschädigt werden.

Der Einfluß der Sonnenbestrahlung tritt zumal an Hängen, Bergrändern und sonstigen frei liegenden Orten stark hervor[4], so daß es an solchen Stellen zur Ausbildung eigenartiger, von den Böden der umgebenden Gebiete abweichender Bodenformen kommen kann. Derartige Randböden auf Kalk hat z. B. der süddeutsche

Jura; es ist wahrscheinlich, daß auch ein Teil der Roterden des Mittelmeergebietes zu den Randböden zu zählen ist.

Die Beeinflussung des Bodenklimas durch wechselnde freie Sonnenbestrahlung ist beträchtlich und kann selbst auf kleinem und kleinstem Raume hervortreten. Hierüber liegen bisher wohl nur die Untersuchungen von Gregor Kraus vor, der die Kalkböden der Würzburger Umgebung durchforschte.[4])

Für die Bodenbildung ist der Einfluß des Bodenklimas wichtig und führt in klimatischen Grenzgebieten dazu, daß unter verschiedenen Pflanzendecken, z. B. Wald und Steppe, abweichende Bodenformen entstehen und bereits vorhandene Bodentypen umgewandelt werden können. Sehr hoch muß diese Wirkung in den heißen Zonen werden, Beobachtungen darüber sind jedoch bisher nicht bekannt geworden. Es ist anzunehmen, daß die Bodendecke um so höheren Einfluß auf den Boden üben wird, je höher die herrschende Temperatur und je größer die Verdunstung ist.

Eine wichtige Eigentümlichkeit des Bodenklimas ist die fast stets vorhandene Sättigung der Bodenluft mit Wasserdampf. Die dauernd im Boden lebenden Pflanzen und Pflanzenteile, sowie die Bodentiere entbehren deshalb des Verdunstungsschutzes und nähern sich in den Eigentümlichkeiten ihres Oberhautbaues vielfach mehr den im Wasser lebenden Organismen als denen der freien Luft. Über die Dampfspannung der Bodenluft in ausgesprochenen Trockengebieten sind keine Beobachtungen bekannt geworden; nach einzelnen Schilderungen der Einwirkung von austrocknenden Winden auf die Pflanzenwelt ist anzunehmen, daß bei der Bodenluft wenigstens zeitweise das Sättigungsdefizit hoch werden kann.[5])

Bei Beurteilung der Klimawirkung auf die Bodenbildung ist die Verschiedenheit von Luftklima und Bodenklima zu beachten; sie genügt, in vielen Fällen vorhandene Unterschiede des Bodens verständlich zu machen.

Die Großwerte der Bodenbildung sind:

    I. die Verwitterung, d. h. Zerfall und Zerkleinerung der Gesteine ohne wesentliche Änderung der Zusammensetzung (physikalische Verwitterung) und die Zersetzung der Gesteine (chemische Verwitterung);

II. die Wirkung des in den Böden umlaufenden Wassers;

III. die Wirkung der im Boden verbleibenden Reste abgestorbener Organismen, besonders der Pflanzen (Humus).

Es ist nun zu zeigen, in welcher Weise die Großwerte der Bodenbildung mit den vorkommenden Bodenformen in Beziehung stehen.

I. Die Verwitterung.

Der Zerfall der Gesteine oder die physikalische Verwitterung wird bewirkt:

1. Durch Volumwechsel infolge Temperaturschwankungen.

2. Durch Sprengwirkung des gefrierenden Wassers, welches beim Übergang in Eis um $^1/_{11}$ an Volumen zunimmt. Flüssiges Wasser dringt in vorhandene Gesteinsspalten ein und lockert beim Gefrieren den Zusammenhalt der Gesteine (Spaltenfrost). Bei häufigem Wechsel von Temperaturen über und unter dem Gefrierpunkt können ganze Felsmassen zersprengt und in ein Haufwerk von Bruchstücken aller Größen übergeführt werden. Der Spaltenfrost erreicht in den kalten Zonen und im Hochgebirge höchste Wirkungen, ist aber auch in den gemäßigten Gebieten ein Bodenbildner von großer Bedeutung.

3. Zertrümmerung des Gesteins beim Transport durch Eis (Gletscher) oder fließendes Wasser. Die mitgeführten Bruchstücke reiben gegeneinander und werden dabei zerbrochen und zumeist in feines Gesteinsmehl zerschliffen. Erfolgt die Abfuhr unter Wasser, so findet neben der mechanischen Zerkleinerung weitgehend chemische Zersetzung statt; beim Transport durch Gletscher ist dies nicht der Fall.

4. Sandschliff. Der vor dem Winde treibende Sand schleift frei hervorragende Gesteine ab.

Die Zersetzung der Gesteine oder chemische Verwitterung umfaßt alle Vorgänge, die zur Änderung der chemischen Zusammensetzung und Neubildung von Körpern anderer Zusammensetzung führen. Während bei der physikalischen Verwitterung das Gestein bei erhaltener chemischer Zusammensetzung zerkleinert wird, greift die chemische Verwitterung den Stoff selbst an und führt zur Bildung von anderen, vorher nicht vorhandenen chemischen Verbindungen.

Unter den Mineralien sind die Silikate die wichtigsten und verbreitetsten Bodenbildner. Ihre Verwitterung führt zu mannigfaltigen, in den Einzelheiten bisher noch nicht völlig erforschten Umsetzungen, die in ihrem Verlauf nicht nur vom Klima abhängen, sondern auch durch die Eigenschaften der entsprechenden Verbindungen beeinflußt werden. Aus dem gleichen ursprünglich vorhandenen Gestein können bei der Verwitterung recht verschiedene Endkörper hervorgehen.

Bei chemischen Umsetzungen treten in der Regel gleichzeitig verschiedene chemische Reaktionen nebeneinander in Wirkung. Die Mehrzahl der chemischen Reaktionen wird dabei von der Konzentration der wirkenden Lösungen beeinflußt. Man kann sich darüber etwa folgende Vorstellung machen: In den Lösungen sind die Moleküle und deren elektrisch geladene Zerfallprodukte, die Jonen, frei beweglich; stoßen zwei oder mehr dieser kleinen Körpereinheiten zusammen, so wirken sie aufeinander; je nach ihren Eigenschaften führt der Zusammenstoß zur Lösung der einen, zur Verknüpfung anderer Verbindungen. In einer Lösung herrscht daher steter Wechsel, fortwährender Zerfall und fortgesetzte neue Vereinigung der vorhandenen wirkenden Körper; dies muß dazu führen, daß alle existenzfähigen Stoffe auch tatsächlich gebildet werden. Die Menge, in der sie entstehen oder sich doch erhalten können, hängt aber von dem Verhältnis zwischen Bildung und Zerfall ab. Überwiegt die Bildung, so ist die Verbindung in der Lösung reichlich vorhanden, überwiegt der Zerfall, so wird sie nur in sehr geringen Mengen, wie man sagt, in Spuren vorhanden sein. Die Umsetzungen verlaufen fortgesetzt in der Lösung und führen, solange die äußeren Bedingungen, zumal Temperatur und Konzentration, d. h. die Menge der in der Volumeneinheit vorhandenen Einheiten sich nicht ändert, in kürzerer oder längerer Zeit dazu, daß Bildung und Zerfall der vorhandenen Stoffe in der Zeiteinheit sich nicht mehr ändert, man sagt dann, die Lösung befinde sich im Gleichgewichte.

Ändern sich die äußeren Bedingungen, z. B. die Temperatur der Lösung, so ändern sich damit auch die Existenzbedingungen der vorhandenen Stoffe, die Beständigkeit der Moleküle und Jonen nimmt zu oder ab, die Widerstandsfähigkeit der vorhandenen Verbindungen wächst oder mindert sich, kurzum es treten neue Verhältnisse in Wirkung, welche der Haltbarkeit bald der einen, bald der anderen Verbindung günstig oder ungünstig sind, das quantitative Verhältnis zwischen den entstehenden Verbindungen verschiebt sich, der Verlauf der Reaktion ist ein anderer geworden, ein neuer Gleichgewichtszustand hat sich eingestellt. Dies kann dazu führen, daß z. B. ein bei niederer Temperatur nur in verschwindendem Maße gebildeter Körper bei höherer Temperatur in großer Menge erhalten bleibt. Nicht die chemischen Reaktionen sind andere geworden, nur ihr Verlauf ist verändert. Hieraus ergibt sich, daß je nach den herrschenden äußeren Verhältnissen die gleichen Reaktionen zur Bildung verschiedenartiger Endprodukte führen können.[6]) Für die Bodenbildung ist das eine wichtige und weitreichende Feststellung.

Der Verlauf der chemischen Reaktionen wird aber nicht nur durch die äußeren Verhältnisse beeinflußt, sondern auch durch die größere oder geringere Menge, in der die einzelnen Stoffe in Wirkung treten. Dies ist leicht verständlich. Man denke sich, daß in einer Lösung zwei Salzpaare vorhanden seien, die aufeinander gleiche Einwirkung üben sollen. Die Zahl der Molekül- und Jonenzusammenstöße sei gleich. Nun bringe man in die Lösung nochmals die gleiche Menge eines der Salze; die Folge wird sein, daß nun in gleicher Zeit die Einheiten des in geringerer Menge vorhandenen Salzes doppelt so häufig von den Einheiten des in größerer Menge vorhandenen Salzes getroffen werden als früher. Das Gleichgewicht ist damit zugunsten des in größerer Menge, oder da es sich um Lösungen handelt, des in stärkerer Konzentration vorhandenen Stoffes verschoben. Die größere Menge übt auch größere Wirkung aus; dies ist die Grundlage des Gesetzes der „chemischen Massenwirkung".[6]) Steigert man allmählich die Menge des einen Salzes so sehr, daß die des zweiten Salzes dagegen klein wird, so verläuft die Reaktion zugunsten des im Überschuß vorhandenen Salzes, und da dies natürlich für jedes der beiden Salze gilt, so ist das Endergebnis der Reaktion von den wirkenden Massen abhängig.

Reaktionen, welche je nach den gegebenen Bedingungen bald zur Bildung des einen, bald des anderen Körpers führen, bezeichnet man als „umkehrbar". Die umkehrbaren Reaktionen sind für die Böden und die Umsetzungen, welche in ihnen verlaufen, von höchster Bedeutung.

Überträgt man diese Grundlagen auf die Vorgänge der Verwitterung und Bodenbildung, so läßt sich daraus folgender Satz ableiten:

Die chemischen Umsetzungen bei der Verwittterung der Gesteine und bei der Bodenbildung sind unter den verschiedenen Klimaten überwiegend gleich, sie werden nach Richtung und Geschwindigkeit des Verlaufes der Reaktionen durch äußere Bedingungen, namentlich durch die herrschende Temperatur beeinflußt.[7])

Zum Verständnis der Silikatverwitterung geht man am zweckmäßigsten von der Einwirkung des Wassers aus. Die chemische Kraft des Wassers ist gering; die Niederschläge führen jedoch dem Boden fortdauernd Wasser zu und steigern durch immer erneuten Angriff die an sich kleine Wirkung allmählich zu großer Höhe.

Durch den Angriff des Wassers werden die chemischen Bindungen der Silikate gelöst und es entstehen bei gleichzeitiger Wasserbindung, freie elektrisch neutrale Moleküle von Basen und Säuren. Diesen Vorgang bezeichnet man als Hydrolyse. (Die Moleküle der Säuren und Basen zerfallen dann weiter in elektrisch geladene Teile = Jonen). Der Hydrolyse unterliegen weitgehend Verbindungen mit geringer chemischer Wirksamkeit, sogenannte „schwache" Säuren und Basen. Die Kieselsäuren sind bei gewöhnlicher Temperatur schwache Säuren.

Die Verwitterung der Silikate verläuft in folgender Weise. Die Silikatmineralien sind im Wasser in sehr geringer Menge (in Spuren) löslich. Das Wasser zerlegt diese löslichen Mengen durch Hydrolyse in freie Basen, welche in Lösung gehen und in Kieselsäuren, bzw. zusammengesetzte Kieselsäuren, welche sich amorph ausscheiden und als dünne Haut das Silikat überziehen.[8]) Diese Überzüge sind nicht ohne weiteres sichtbar, sie werden für das Auge kenntlich durch ihre Anfärbbarkeit mit Methylenblau oder anderen geeigneten Farbstoffen. Die gebildete Kieselsäurenhaut hemmt den Angriff des Wassers und die Verwitterung kann nur durch den Angriff der Wasserteile fortschreiten, welche durch das Silikathäutchen diffundieren. Der Fortschritt der Verwitterung verlangsamt sich daher immer mehr und führt zur Bildung von Schalen und Lagen verwitterten Minerals, die vielfach einen noch unangegriffenen Silikatkern umschließen.

Die Silikatverwitterung beruht daher in ihrem ersten Verlauf auf dem Angriff flüssigen Wassers; bei Temperaturen unter dem Gefrierpunkt ist sie praktisch aufgehoben; sie ruht im gefrorenen Boden oder wie Lang es mit einem aus der Physiologie übertragenen Ausdruck bezeichnete, der Boden unterliegt der Kältestarre.[9]) Für den Fortschritt der Verwitterung ist daher nur die frostfreie Zeit des Jahres von Bedeutung. Noch bedeutsamer ist die mit der Temperatur rasch steigende chemische Wirkungskraft des Wassers.*)

In den verbreitet vorkommenden, Aluminium enthaltenden Silikaten, wie Feldspalte, Glimmer u. a., sind wahrscheinlich Tonerde und Kieselsäure zu „komplexen" Säuren (Aluminium-Kieselsäuren) vereinigt, die sich der Kieselsäure ähnlich verhalten. Die ersten Produkte der Verwitterung sind amorphe, wasserhaltige Tonerdesilikate, die Tone. Bei fortgesetztem Angriff des Wassers schreitet die Hydrolyse dieser Verbindungen fort und sie zerfallen in Aluminiumhydrat und Kieselsäure. Die Annahme der fortschreitenden Spaltung der Tonsubstanzen trägt dem verbreiteten Vorkommen von kristallisiertem, wasserhaltigem Aluminiumhydrat in den wärmeren Ländern, und namentlich in den Tropen am meisten Rechnung. Der Zerfall der Tonsubstanzen ist ein langsam verlaufender Vorgang, seine Spaltungsprodukte treten in größerer Menge in den Böden nur auf, wenn höhere Temperatur die Wirkung des Wassers steigert. Erst in jüngster Zeit ist es gelungen, in einer Anzahl Böden der gemäßigten Klimate das Vorkommen freier Tonerde sicher nachzuweisen.[10]) Man muß hierbei jedoch der Tatsache Rechnung tragen, daß ein brauchbares Reagens auf freie Tonerde nicht bekannt ist, sie daher, wenn auch in kleinen Mengen, in unseren Böden in größerer Verbreitung vorkommen kann als angenommen wird.

---

*) Nimmt man, wie es zulässig ist, die elektrische Leitfähigkeit des Wassers bei verschiedenen Temperaturen als Maß der chemischen Wirksamkeit des Wassers und setzt die Leitfähigkeit bei $0° = 1$; so beträgt sie bei $10° = 1.6$, $18° = 2.3$, $25° = 3.2$, $30° = 4.4$, $40° = 5.5$. Ein arktischer Boden mit etwa $10°$ Mitteltemperatur und vier frostfreien Monaten würde nur $1/_{20}$ der Verwitterung erleiden, welche ein tropischer Boden von $30°$ Mitteltemperatur und 12 Monaten frostfreier Zeit erfährt.

In den Silikaten enthaltenes Eisen wird bei der Verwitterung zumeist als Eisenoxydhydrat abgeschieden. Die Eisenoxydhydrate enthalten Wasser in wechselnden Mengen gebunden und gehen durch Verlust und auch wohl durch Aufnahme von Wasser leicht ineinander über.

Die Ferrihydrate haben verschiedene Färbung. Als Regel kann gelten, daß bei niederer Temperatur und bei geringer Verdunstung gebildete Eisenhydrate gelbbraune bis braune Färbung, bei hoher Temperatur und starker Verdunstung gebildete gelbe bis rote Farbe haben. In den Böden ist Eisen neben Humus der farbengebende Bestandteil, Farbenunterschiede werden dadurch vielfach zur unterscheidenden Eigenschaft der Böden verschiedener Klimaten. Eisenarme oder eisenfreie Böden kennzeichnen sich durch helle, weiße oder infolge Humusgehalt graue Farben.

II. Die Wirkungen des in den Böden umlaufenden Wassers.

Das Wasser der Niederschläge ist fast chemisch rein; im Boden nimmt es vorhandene lösliche Stoffe auf und setzt sich mit angreifbaren Bestandteilen in einen Gleichgewichtszustand. Die im Boden umlaufende Flüssigkeit ist daher eine Salzlösung, deren Konzentration schwankt, zumeist aber sehr gering ist.

Das Wasser des Bodens läßt sich unterscheiden als hygroskopisches Wasser, gleich dem Gehalte lufttrockner Böden. Das hygroskopische Wasser wird durch Oberflächenanziehung der Bodenteilchen festgehalten, seine Menge schwankt je nach dem Dampfdruck der umgebenden Luft. Das hygroskopische Wasser ist durch starke Molekularkräfte gebunden.[11])

Kapillarwasser (Haftwasser). Als Kapillarwasser bezeichnet man den Anteil des im Boden vorhandenen Wassers, das durch Oberflächenspannung festgehalten, nicht der Schwerkraft folgend in die Tiefe abfließt. Das Kapillarwasser verdunstet bei nicht völliger Sättigung der Luft mit Wasserdampf.

Sinkwasser. Der Anteil des im Boden vorhandenen Wassers, welcher unter Einwirkung der Schwere absickert.

Zwischen Haftwasser und Sinkwasser besteht kein grundsätzlicher Unterschied, es sind nur die Anteile des im Boden vorhandenen freien Wassers, bei denen entweder die Kräfte der Oberflächenspannung oder der Erdanziehung überwiegen.[12])

Das kapillar festgehaltene Wasser überzieht alle Bodenkörner in dünnen Häutchen und sammelt sich an den Berührungspunkten der Körner an, so daß seine Verteilung im Boden einem Gleichgewicht der einwirkenden Kräfte entspricht. Wird dieses Gleichgewicht (durch Verdunstung, Aufnahme von Wasser durch die Pflanzen) gestört, so stellt sich durch Zuströmen von Wasser zu den Stellen des Verbrauches ein neues, der verminderten Wassermenge entsprechendes Gleichgewicht her. Der Ausgleich erfolgt je nach der Dicke der Wasserschicht schneller oder langsamer, bei sehr dünnen Häutchen kann die Geschwindigkeit durch die innere Reibung des Wassers so gering werden, daß die Wasserüberführung praktisch aufhört.

Wasser kann daher im Boden nach jeder Richtung strömen, die Geschwindigkeit des Zuflusses hängt vom kapillaren Gefälle, Korngrößen usw. ab. Für die Bodenkunde ist die durch die Wirkung der Schwerkraft verstärkte Wasserbewegung nach der Tiefe des Bodens (einsickerndes Wasser, sinkender Wasserstrom) und die aus der Tiefe nach oben (aufsteigender Wasserstrom) am wichtigsten. Der ersten Richtung folgen die Senkwässer, der zweiten die Wasserströmungen, welche durch die von der Oberfläche des Bodens wirkende Verdunstung verursacht werden.

Die Vorgänge bei der Verdunstung des Wassers aus dem Boden sind theoretisch noch nicht durchgearbeitet und sehr verwickelt. Die feuchte Bodenoberfläche gibt ihr Wasser an die Luft nach Maßgabe des Sättigungsdefizits, d. h. der zur vollen Sättigung der Luft fehlenden Menge Wasserdampf ab; beeinflußt wird die Geschwindigkeit dieser Abgabe durch die Bodentemperatur, die Wasserleitung im Boden (Ersatz des verdunstenden Wassers aus tieferen Bodenschichten), Windstärke und durch den lebenstätigen Pflanzenbestand. Neben dieser äußeren Verdunstung findet noch eine innere Verdunstung im Boden unter dem Einfluß der Diffusion des Wasserdampfes in der atmosphärischen Luft statt, die von den Temperaturen der Bodenschichten stark abhängig ist und deren Größe für jeden Boden verschieden sein muß.[13])

Grundwasser. In der Regel wird die Bildung von Grundwasser auf Ansammlung der Senkwässer auf einer „undurchlässigen" Bodenschicht zurückgeführt. Es entspricht dies den meisten Vorkommen, reicht aber in vielen Fällen nicht zum Verständnis des Vorganges aus. Im Münchener Gebiet z. B. lagert eine Kalkgeröll-Schicht auf einem als Flinz bezeichneten, feinkörnigen tertiären Sande. Oberhalb des Flinz sammelt sich das Grundwasser an. Der Flinz ist nun nach seiner ganzen Beschaffenheit nicht „undurchlässig", wenn er trotzdem Grundwasser führt, so beruht dies auf den erheblichen Niederschlägen der schwäbisch-bayrischen Hochebene und der leichten Durchlässigkeit des überlagernden Gerölles. Grundwasser sammelt sich überall an, wenn die Menge des aus den überliegenden Schichten zugeführten Wassers größer ist, als die des absickernden Wassers. Es handelt sich also um ein Gleichgewicht zwischen zugeführtem und abgeleitetem Wasser, gleichgültig ist dabei, ob das zufließende Wasser dem überlagernden Boden entstammt oder von außen zufließt.

Die Wirkungen des in den Boden einsickernden Wassers.

Die Niederschläge treffen den Boden als reines Wasser und setzen sich in sehr kurzer Zeit mit den löslichen und angreifbaren Bodenbestandteilen in einen Gleichgewichtszustand. Die nächste Bodenschicht durchdringt bereits eine schwache Salzlösung, die zwar noch vorhandene leichtlösliche Stoffe aufnehmen kann, deren zersetzende Einwirkung aber bereits gering geworden ist. Der Boden wird daher von oben nach unten fortschreitend Schicht für Schicht ausgewaschen und seine angreifbaren Bestandteile werden zersetzt. Durch diesen Vorgang wird verständlich, daß in ausgesprochenen Feuchtgebieten ausgelaugte und chemisch stark verwitterte Schichten oft mit scharfer Grenze auf Schichten lagern, die noch reichlich verwitterungsfähiges Material enthalten. Die Böden werden daher durch die sie durchdringenden Sinkwässer ausgewaschen. In Lösung übergeführte Stoffe werden in tieferen Schichten nur beim Auftreten chemischer Umsetzungen, nicht aber durch Auskristallisieren aus der Bodenlösung ausgeschieden.

Die lösende Wirkung des Wassers wird durch einen Gehalt an Kohlensäure gesteigert. Die Menge der im Wasser gelösten Kohlensäure ist vom Kohlendioxydgehalt der umgebenden Luft abhängig; in der Bodenluft steigt der Gehalt an Kohlendioxyd in den meisten Fällen mit Zunahme der Tiefe beträchtlich. Die Karbonate des Kalkes und der Magnesia sind unter Bildung saurer Karbonate in kohlensäurehaltigen Wässern löslich. Die Konzentration der Lösung entspricht einem Gleichgewichtszustande zwischen den sauren Karbonaten und der im Wasser gelösten Menge von Kohlensäure, die ihrerseits von dem Kohlendioxydgehalt der umgebenden Luft abhängt. Ausscheidung von Kalkkarbonat aus einer Bodenlösung erfolgt, wenn sich der Kohlendioxydgehalt der umgebenden Luft vermindert und dadurch das Gleichgewicht gestört wird*).

Eigenartig gestalten sich die Verhältnisse, wenn Stoffe in äußerster Feinkörnigkeit im Wasser verteilt, in kolloidem Zustande im Boden vorhanden sind. Am wichtigsten für den Boden sind die Ton- und Humusstoffe; beide sind amorph und gehen mehr oder weniger leicht in den kolloiden Zustand über. Die Wirkungen, welche die Humusstoffe ausüben, sind noch nicht genügend aufgeklärt, vielfach ist man auf Vergleich mit besser bekannten Kolloiden beschränkt. Kolloide humose Lösungen finden sich in sehr salzarmen, namentlich kalkarmen Böden und in Böden, die Natriumkarbonat (Soda) führen.

Die Bodenflüssigkeit der Humus enthaltenden Sodaböden ist dunkel, oft tintenartig schwarz gefärbt; dialysiert man sie, so verbleiben von Mineralteilen Kieselsäure und Eisenoxydhydrat. In sehr salzarmen Böden quellen Humusstoffe auf, die Bodenwässer und die abfließenden Wässer erscheinen in dickeren Schichten mehr oder weniger dunkel gefärbt (Schwarzwässer), jedenfalls entbehren sie die Klarheit der kalkreichen Gewässer.

Unter dem Einfluß kolloidgelöster Humusstoffe werden im Boden Eisenoxydhydrat und Phosphorsäure löslich oder doch

---

*) Kohlensaurer Kalk kommt ferner im Boden zur Ausfällung, wenn Umsetzungen zwischen Kalziumsulfat (Gips) und Natriumkarbonat stetthaben. Es handelt sich um eine umkehrbare Reaktion, deren Verlauf durch Anwesenheit von Kohlendioxyd in der umgebenden Luft beeinflußt wird und die man in vereinfachter Weise in die folgende Formel kleiden kann:

$$Na_2SO_4 + CaCO_3 \rightleftharpoons Na_2CO_3 + CaSO_4.$$

Ist wenig Kohlensäure vorhanden, so verläuft die Umsetzung vorwiegend nach der linken, ist viel vorhanden, nach der rechten Seite der Gleichung. In Trockengebieten und bei hoher Konzentration der Bodenlösung gewinnt diese Umsetzung Bedeutung.

beweglich, so daß sie von dem einsickernden Wasser fortgeführt werden können und zumeist in den tieferen Schichten des Bodens wieder zur Abscheidung kommen (Ortsteinbildung). Die oberen Bodenschichten werden hierbei enteisenet und da ihnen der färbende Bestandteil entzogen wird, bleichen sie aus (Bleicherden).

Die lösenden Wirkungen des absickernden Wassers erreicht je nach den Umständen verschiedenen Umfang. Bereits in reinem Wasser sind löslich:

1. Alle Chloride und Nitrate, die Sulfate der Alkalien und der Magnesia, die Karbonate der Alkalien. Mäßig löslich (in etwa 400 Teilen Wasser) ist das Kalksulfat (Gips).

2. In kohlensäurehaltigem Wasser löslich sind ferner die Karbonate des Kalziums, Magnesiums und des Eisenoxyduls.

3. Unter Mithilfe kolloider Humusstoffe werden löslich oder doch beweglich: Eisenoxydhydrat, Tonerdehydrat, Phosphate.

4. Unter Einwirkung humoser Stoffe bei Luftabschluß wird Eisenoxydhydrat zu Eisenoxydul reduzierbar und als Ferrokarbonat löslich.

Die Wirkungen aufsteigender Wasserströme.

Niederschläge treffen den Boden als reines Wasser und werden erst im Boden zu Salzlösungen. Die absickernden und dem Bereich der kapillaren Wirkungen der oberen Bodenschichten entzogenen Grundwasser entführen dem Boden fortgesetzt größere oder geringere Mengen löslicher Stoffe. Die Böden werden ausgewaschen. Der aufsteigende Wasserstrom wirkt der Auswaschung entgegen. Die Zusammensetzung des aufsteigenden Bodenwassers entspricht einer schwachen Salzlösung. Um gleiche Mengen Salz zu bewegen, bedarf es im Boden in der Regel einer viel schwächeren Wasserüberführung bei der aufsteigenden als bei der absinkenden Strömung. Es tritt dies namentlich dann hervor, wenn die an gelösten Karbonaten reichere Bodenlösung tieferer Bodenschichten emporgehoben wird. Man muß bei diesem Vorgang stets berücksichtigen, daß die Zusammensetzung der Bodenlösung einem Gleichgewichtszustande zwischen Boden, Wassermenge und der Bodenluft entspricht. In den verschiedenen Schichten kann daher der Salzgehalt der Bodenflüssigkeit erheblich wechseln. Bei fortgesetzter Verdunstung wird die Lösung der oberen

Bodenschichten konzentrierter; Bestandteile, welche in der kohlensäurereichen Luft der Bodentiefe stabil waren, werden in der kohlensäurearmen Luft der oberen Schichten instabil, zersetzen sich und kommen zur Abscheidung.

Die wichtigsten Vorgänge sind:

1. Die Lösung erreicht die Kristallisationskonzentration; die gelösten Stoffe kristallisieren aus.

Ein Beispiel für diesen Vorgang sind die Ausblühungen leichtlöslicher Salze an der Oberfläche der Böden in Trockengebieten, es sind namentlich Kochsalz, Glaubersalz, Bittersalz, ferner Soda, Nitrate, welche ausblühen; Kalziumchlorid bleibt infolge seiner starken Löslichkeit und seiner Wasseranziehung wohl stets in der Lösung. Enthält die Bodenlösung schwerlösliche Salze wie Gips, so wird die Kristallisationsgrenze bereits in tieferen Bodenschichten erreicht und es bilden sich dann gipsreiche Schichten (Gipshorizonte, z. B. in den osteuropäischen Schwarzerden) oder, wenn die Ausscheidung erst an der Oberfläche erfolgt, Gipskrusten.

Die Kristallisationskonzentration der Gipslösung wird im Boden in der Regel früher erreicht als die Zersetzungsgrenze der Kalkkarbonatlösung. Der „Gipshorizont" eines Bodens liegt daher meist in größerer Bodentiefe als der „Kalkhorizont". Reichlicher Gehalt an löslichen Salzen steigert die Gipslöslichkeit beträchtlich, daher steigt Gips in Salzböden höher als in salzarmen Bodenarten. In Feuchtgebieten reichen die Sickerwasser aus, die Sulfate auszuwaschen, Gipsausscheidungen in Horizonten sind daher auf Trockengegenden beschränkt.

Die Tatsache, daß die Ausscheidung der Salze überwiegend in bestimmten Bodentiefen, in „Horizonten" stattfindet, ist so zu verstehen, daß im Durchschnitt alljährlich ähnliche Bedingungen wiederkehren. Kristallisation wie Zersetzung von Bestandteilen der Bodenlösung werden daher annähernd in gleichbleibender Bodentiefe auftreten. Die Horizonte haben sehr verschiedene Mächtigkeit, sie können sich auf einige Zentimeter beschränken, aber auch viele Dezimeter erreichen. Besonders gilt dies von den Ausfällungen infolge chemischer Zersetzung von Bestandteilen der Lösung. In der Regel handelt es sich um Durchlüftungsgrenzen im Boden, welche durch die Ausfällung selbst verschoben werden, da sie den Boden verdichten und den Zutritt der atmosphärischen Luft erschweren. Es kann so zur Ausscheidung von starken Schichten und Bänken kommen, deren Bildung in der Tiefe beginnt, allmählich immer höhere Bodenlagen erfaßt und endlich bis zur Oberfläche reichen kann, sodaß Bodenkrusten gebildet werden.

Von leichtlöslichen Salzen kann unter Umständen eine Bodensohle gebildet werden, welche sich durch Auskristallisieren bildet; durch die spärlichen Regen wird dann in der obersten Bodenschicht Salz bis zur Sättigung gelöst, die Lösung sickert in die Tiefe ab und die obere Bodenschicht bleibt verhältnismäßig salzarm zurück. Die Amerikaner bezeichnen derartige Bodensohlen als alcali-pardpan*).[14])

Ein bedeutsames Förderungsmittel des aufsteigenden Wasserstromes ist die Wasseraufnahme der Pflanzen, welche für ihre Lebensvorgänge große Mengen Wasser verbrauchen. Die Aufnahme wird von den Wurzeln bewirkt. Die stärkste Salzkonzentration wird mit der ausgiebigsten Wurzelverbreitung zusammenfallen. Genaue Untersuchungen über diese Beeinflussung des Bodens durch die Pflanzenwelt sind sehr zu wünschen.

2. Ausscheidungen, welche durch Zersetzung gelöster Stoffe gebildet werden.

Die Zersetzung gelöster Stoffe des Bodenwassers betrifft fast ausschließlich Karbonate; die Beteiligung organischer Salze ist möglich, vielfach sogar wahrscheinlich, aber bisher noch nicht sicher nachgewiesen.

Die wichtigsten Zersetzungen sind:

a) Saures Kalziumkarbonat zu Kalkkarbonat, Wasser und Kohlendioxyd unter Abscheidung von kohlensaurem Kalk. Das saure Salz des Kalziums ist in Lösung viel stabiler als das entsprechende Magnesiumsalz. Die Ausscheidung verläuft verhältnismäßig langsam.

b) Saures Magnesiumkarbonat zu Magnesiumkarbonat, Wasser und Kohlendioxyd.

c) Saures Eisenoxydulkarbonat zu Eisenoxydulkarbonat, Wasser und Kohlendioxyd. Bei Gegenwart von Luftsauerstoff: Zerfall des

---

*) Zur Abscheidung dieser salzreichen Bodenschichten kann auch das Auftreten eines Eutektikums beitragen.

Eisenoxydulkarbonates unter Wasserstoffaufnahme und Bildung von Eisenoxydhydrat und Kohlendioxyd.

d) Saures Mangankarbonat in Mangankarbonat, Kohlendioxyd und Wasser.

Das Mangankarbonat ist an der Luft ziemlich widerstandsfähig, wird aber im Boden, wie es scheint, unter Mitwirkung niederer Organismen in Mangandioxyd übergeführt.

Das Ausfällen der Karbonate von Kalk und Magnesia erfolgt bei geringerem Gehalt an Kohlendioxyd in der umgebenden Bodenluft (Durchlüftungsgrenze); die Bildung von Eisenoxydhydrat bei Zutritt von Luftsauerstoff.

Die ausfallenden Karbonate können die Böden zu festen Gesteinen verkitten oder Konkretionen bilden oder feinkörnig zwischen den Bodenteilen eingelagert werden.

In ausgesprochen feuchten Gebieten ist der Gehalt an Kalk und Magnesia in der Regel im Boden stark durch Auswaschung vermindert und zu gering um Bodenhorizonte zu bilden; bereits in mäßig feuchten Gegenden können örtlich Kalkausscheidungen stattfinden, sie sind in den Trockengebieten allgemein verbreitet. Je besser durchlüftet der Boden ist, um so tiefer liegt der Kalkhorizont, daher wird er von der Vegetation und der Durchwurzelung des Bodens beeinflußt. Grobkörnige Bodenschichten, besonders Geröllagen und Streifen geben infolge leichterer Beweglichkeit der Bodenluft Gelegenheit zu Abscheidung von Kalkkarbonat*).

Wesentlich anderen Bedingungen unterliegt die Abscheidung von Eisenoxydhydrat aus Bodenlösungen. Voraussetzung ist, daß im Boden Bedingungen gegeben sind, welche Eisen löslich machen; dies ist der Fall bei Gehalt an leicht oxydierbaren organischen (humosen) Bestandteilen, wie sie erfahrungsmäßig bei Mangel an Luftzutritt in der Tiefe des Bodens oder bei langsamer Zersetzung der Organismenreste vorkommen. Der Satz, daß Humusstoffe

---

*) Die Auswaschung von Kalkkarbonat durch den sinkenden Wasserstrom unterscheidet sich von den Abscheidungen des aufsteigenden Stromes durch die Verteilung des Karbonats, im ersten Falle steigt in der Regel der Gehalt mit der Tiefe, im zweiten Falle ist eine karbonatreiche Schicht von karbonatärmeren unterlagert. Es ist daran festzuhalten, daß einmal gelöste Salze nur in seltenen Fällen in tieferen Bodenschichten wieder ausgeschieden werden. Es kann dies z. B. für Kalk in Grandstreifen und Lagern vorkommen, wenn sie an irgendeiner Stelle mit der Luft in Berührung sind und von dort starke Durchlüftung erfolgt.

Ferriionen, nicht aber Eisenoxydhydrat reduzieren können, ist nur relativ richtig. Die Erfahrung, daß eisenhaltige Wasser, zumal Grundwässer, überall auftreten, wo organische Reste in tieferen, nicht oder nur ungenügend durchlüfteten Böden vorhanden sind, verlangt zum Verständnis die Annahme der Reduktion von Eisenoxydhydrat. Die Bewegung des Eisens im Boden bedarf überhaupt noch eingehender Untersuchungen.

Die Bedingungen zur Entstehung von Eisenabscheidungen im Boden sind unter sehr verschiedenen klimatischen Verhältnissen gegeben; sie finden sich infolge verlangsamter Zersetzung der organischen Reste sowohl verbreitet in kühlen Gebieten wie in den wärmeren Gebieten mit hoher Pflanzenproduktion und großen Niederschlagsmengen.

Die Ausscheidung von Eisen erfolgt vielfach unter der Mitwirkung niederer Organismen, namentlich von Bakterien (Eisenbakterien). Über ihr Vorkommen und ihre Tätigkeit im Boden, zumal in tieferen Schichten ist man noch nicht unterrichtet. Es ist anzunehmen, daß die biologische Beeinflussung der Eisenabscheidung in Gewässern hoch ist; im Boden werden jedoch die rein chemischen und physikalischen Vorgänge wahrscheinlich überwiegen.

Die bezeichnenden Eigenschaften der Eisenabscheidungen sind je nach den Verhältnissen verschieden; man kann unterscheiden:

a) **Wiesenerz, Raseneisenstein (Limonite).** Beim Austritt von eisenhaltigem Quellwasser an die Bodenoberfläche bilden sich Bänke von Raseneisenstein oder Konkretionen mit rauher, zackiger Oberfläche.

b) **Bohnerzbildung.** Konkretionen mit glatter Oberfläche. Die Bildungsbedingungen sind noch unbekannt; Bohnerze sind in den Tropen verbreitet.

c) **Ausscheidung des Eisenhydroxydes in feinkörniger Form als Ocker.**

d) **Ausscheidung des Eisenhydroxydes zwischen den Bodenteilen.** Es kann sowohl als Bindemittel die Bodenkörner verkitten (eisenschüssige Sande usw.) oder sich in wechselnder Menge den übrigen Bodenbestandteilen beimischen; hierher gehören wahrscheinlich als besondere Fälle Laterit und Roterdebildung.

e) Oberhalb eisenhaltiger Grundwässer bei schwacher oder mittlerer Verdunstung (vielleicht auch bei geringem Gehalt an gelösten Eisenverbindungen) verteilt sich das ausgeschiedene Eisenhydroxyd ungleichmäßig im Boden und bildet oberhalb des Grundwasserhorizontes eisenreiche Flammen und Adern (Gleiböden) oder die Bewegung des Eisens erfolgt in Spalten des Bodens (Wiesenböden) oder die Wasserbahnen werden vorwiegend durch die Wurzeln und Wurzelstöcke der lebenden und abgestorbenen Pflanzen gebildet, die dann oft von festen eisenreichen Massen umgeben sind, (so z. B. in dem Kleiboden der Marschen).[15]

Über Umlagerungen des Tonerdehydrats im Boden ist man bisher wenig unterrichtet. Bis vor kurzer Zeit galt allgemein die Tonerde als der stabilste und unbeweglichste Bestandteil der Mineralien und des Bodens, so daß bei Berechnungen zumeist der Aluminiumgehalt als Ausgangspunkt gewählt wurde. Der Gehalt der Tropenböden an kristallisiertem Tonerdehydrat wird zumeist und wohl mit Recht als Verwitterungsrückstand gedeutet. Sichere Beispiele der Wanderung der Tonerde (in Ionen bzw. kolloider Form) ergab (außer in einigen alaunführenden Böden) die fortschreitende Untersuchung der Ortsteinvorkommen. Hier kann auf dieses Verhalten, welches unter Umständen[16] beträchtliche Umlagerungen der Tonerde erkennen läßt, nur hingewiesen werden.

Eine noch nicht gelöste Frage ist ferner der Verbleib der Kieselsäure, welche bei der Verwitterung gelöst wird oder kolloid abgeschieden wird. In den Böden finden sich nicht selten amorphe, durch Farbstoffe stark anfärbbare Massen, die man wohl am richtigsten als Kieselsäuregel anspricht. Anderseits sind die Verwitterungsböden der Tropen so arm an löslicher Kieselsäure, daß mit Recht die Frage nach dem Verbleib der gewaltigen Mengen Kieselsäure aufgeworfen wird. Die Möglichkeit der Ausscheidung der Kieselsäure im Boden in kristallisierter Form, als Quarz, muß anerkannt werden; der Nachweis, daß dies in einigem Umfange stattfindet, steht dagegen aus. Am nächsten liegt es vorläufig daran festzuhalten, daß die lösliche Kieselsäure ausgewaschen und durch die Flüsse dem Meere zugeführt wird. Eine Lösung kann die Frage erst finden, wenn eine zuverlässige Methode zur analytischen Feststellung der löslichen Kieselsäure gefunden ist.

2*

3. Humusbildung.

Die abgestorbenen Reste von Pflanzen und Tieren sammeln sich, soweit sie nicht vollständig zu Kohlendioxyd, Wasser und Ammoniak bzw. Salpetersäure zersetzt werden, im Boden an und werden dann als „Humus" bezeichnet.

Die Zersetzung erfolgt ganz überwiegend durch die Lebenstätigkeit von Organismen, die abhängig ist von Temperaturhöhe, Wassergehalt, Sauerstoffzutritt und zur Ernährung ausreichenden Mineralstoffen. Je nach dem Gleichgewicht zwischen diesen Bedingungen werden die abgestorbenen Reste mehr oder weniger vollständig zersetzt. Die Humusansammlung in einem Boden ist abhängig von der Menge der vorhandenen abgestorbenen Reste und der Geschwindigkeit ihrer Zersetzung; es handelt sich also auch hier um ein Gleichgewicht, welches unter durchschnittlichen Verhältnissen für den gegebenen Boden zu einem mittleren Humusgehalt führen wird.

Die Form, in welcher sich der Humus ablagert, läßt sich in drei bzw. vier Gruppen bringen.[17)]

1. Torf; dicht zusammengelagerte, schneidbare Massen mit (durch das Auge erkennbarer) erhaltener Pflanzenstruktur. Die Torfformen wechseln in ihren Eigenschaften nach den Pflanzenarten, aus denen sie entstehen; so unterscheidet man Waldtorf (überwiegend Reste von Baumpflanzen), Flachmoortorf (Reste der Verlandungsbestände von Wasserflächen), Hochmoortorf (überwiegend Reste von Torfmoosen) usw.

Torf bildet selbst ständige Bodenarten und beeinflußt, zumal wenn er auf trockenem Boden gebildet wird, die Eigenschaften des unterliegenden Mineralbodens in starker Weise.

2. Moder; durch mechanische Einwirkungen, namentlich die wühlende und grabende Tätigkeit der Tiere sowie Durchwachsen der Pflanzenreste mit Wurzeln, wird feinfaseriger Humus gebildet, der unter dem Mikroskop noch organisierten Bau erkennen läßt, dem Auge aber als amorphe, dunkle, lockere Masse erscheint.

3. Mull; der mehr oder weniger geformte Kot der erdlebenden Tiere.

4. Gemische von humosen Stoffen ohne erhaltene Pflanzenstruktur mit den Mineralstoffen des Bodens. Diese Gemische lassen sich nicht durch mechanische, sondern nur durch chemische

Mittel in ihre beiden Hauptbestandteile zerlegen und tragen vielfach den Charakter von Ausfällungen. Es sind dies die Humusformen unserer tonhaltigen Ackerböden, der Schwarzerden usw.

Die Humusstoffe gehören durch ihren Einfluß auf die Bodeneigenschaften, sowie durch ihre Rückwirkung auf die Entwicklung der Pflanzenwelt zu den Großwerten der Bodenbildung.

Die Abhängigkeit der Humusbildung von klimatischen Einflüssen geht ohne weiteres daraus hervor, daß sowohl Bildung wie Zerstörung der organischen Stoffe auf der Lebenstätigkeit der Organismen beruht.

Die Ansammlung von humosen Stoffen in den Böden hängt von der Masse der durchschnittlich gebildeten organischen Stoffe ab, sowie von den Hemmungen, welche deren Zerstörung erleidet. In der Regel herrscht zwischen Aufbau und Abbau der organischen Stoffe annähernd Gleichgewicht, so daß die im Boden verbleibende Humusmenge gering ist. Die Bedingungen, welche den Humusabbau verlangsamen, sind überwiegend niedere Temperatur und Trocknis des Bodens, also zeitweiser Mangel an Wasser.

Am übersichtlichsten lassen sich diese Beziehungen an zwei Beispielen erläutern.

Im borealen Gebiet ist die Bildung der organischen Substanz bei der kurzen Vegetationszeit und der langen Frostdauer gering, trotzdem ist die Humusansammlung reichlich, da die Humuszersetzung noch langsamer verläuft als die Assimilation durch die Pflanzen. Der Boden ist in jenen Gegenden in weitem Umfange mit Torfbildungen überzogen. In kühlen gemäßigten Gebieten, sowie unter dem Einfluß des Seeklimas erreicht die Anhäufung humoser Stoffe, die vorwiegend Torflager bilden, die größte Mächtigkeit auf der Erde. In mittelwarmen gemäßigten Gebieten erfolgt die Humusanhäufung als Torf fast nur unter Wasser (Flachmoorbildungen), die durchschnittlich niedere Temperatur der Gewässer ist hier als Ursache der verminderten Zerstörung der organischen Stoffe anzusprechen.

In Schwarzerdegebieten sind in den Böden in inniger Zusammenlagerung von Mineralstoffen und humosen Stoffen große Humusmengen angehäuft, es herrschen hohe Verdunstung während der Sommerzeit und langdauernder Frost während der kalten Jahreszeit. Der Boden trocknet stark aus, die üppige Frühlingsvegetation erschöpft rasch die während der kalten Jahreszeit im Boden angesammelte Feuchtigkeit. Im Sommer hindert Wassermangel, im Winter der Frost den Humusabbau, so daß Humus reichlich im Boden verbleibt. Die Bedingungen der Humusansammlung in den Böden der Subtropen (Schwarzerde von Marocco, südliche Prärien Nordamerikas, Regur) sind noch nicht studiert.

Die Böden der Tropen sind im allgemeinen humusarm. Zersetzung der organischen Substanzen ohne Ablagerung nennenswerter Mengen dunkler humoser Stoffe scheint in ausgesprochenen Trockengebieten mit warmer Temperatur vorzuherrschen.[18])

Ortsböden.

Die Großwerte der Bodenbildung sind ausgesprochen klimatisch; mehr oder weniger erhält jeder Boden seine bezeichnenden Eigenschaften durch das Klima. Neben diesen meist über große Flächen wirkenden Einflüssen sind Faktoren beteiligt, welche die Bodeneigenschaften beträchtlich verändern, aber doch nur örtlichen Charakter haben, selbst wenn sie auf großen Flächen sich geltend machen. Hierher gehört die Beschaffenheit des Grundgesteines; so geht z. B. aus einem feldspatarmen, sehr feinkörnigen Granit ein an Feinerde armer, flachgründiger, schwach lehmiger Sandboden hervor, während unter gleichen äußeren Bedingungen aus einem grobkörnigen feldspatreichen Granit ein tiefgründiger schwerer Lehmboden gebildet wird. Der Einfluß des Grundgesteines macht sich geltend, wirkt aber nur soweit als das Gestein seinen Charakter nicht verändert. Für Zwecke der Bodenbenutzung sind die örtlich beschränkten Einflüsse der Bodenbildung von höchstem Werte; sie sind dadurch zur Veranlassung geworden, daß die klimatischen Grundlagen der Bodenverbreitung erst spät erkannt wurden und auch noch jetzt um ihre Anerkennung zu kämpfen haben.

Das bezeichnende der Ortsböden ist die Abhängigkeit ihrer Eigenschaften von örtlich wirkenden Faktoren, sowie daß die unterscheidenden Bodeneigenschaften Dauer haben, sich also nicht in absehbarer Zeit verändern. Hierdurch unterscheiden sich die Ortsböden einerseits von den ausgesprochen klimatischen Böden und anderseits von Bodenformen, welche durch Organismen ihren Charakter erhalten. Die Ortsböden sind Unterabteilungen der klimatischen Bodenformen, deren wichtigste Eigenschaften wohl durch Ortseinflüsse verändert, aber nicht aufgehoben werden.

Als wichtigste Werte der örtlichen Beeinflussung der Bodenbildung sind zu nennen:

1. Grundgestein,
2. Korngröße der Böden,
3. Ortslage,
4. Ortsstetigkeit.

1. Einfluß des Grundgesteins auf die Bodenbildung.

Der Einfluß des Grundgesteins auf die Bodenbildung tritt um so mehr zurück, je extremer das Klima ist. In Osteuropa bedeckt Tschernosem gleichmäßig Löß, Tone, Granit, Kalkgestein. Je gemäßigter das Klima ist, um so stärker ist der Einfluß des Grundgesteins auf die Bodeneigenschaften sowohl nach chemischer wie nach physikalischer Richtung.

Die Verwitterbarkeit der Gesteine ist nach chemischer Zusammensetzung wie nach physikalischen Eigenschaften verschieden. Unter den festen Gesteinen macht sich der Unterschied der Entstehung bemerkbar; Massengesteine und Trümmergesteine unterscheiden sich meist bei der Bodenbildung. Körnig, porphyrisch oder schieferig ausgebildete Gesteine geben auch bei ähnlicher Zusammensetzung verschiedene Böden. Eigenschaften, welche das Eindringen der verwitternden Kräfte in das Gestein begünstigen, sind für die Bodenbildung vorteilhaft. Bei klastischen Gesteinen sind Korngröße und namentlich Art und Menge der Verkittungsmittel oft für die Eigenschaften der entstehenden Böden entscheidend. In lockeren, nicht verfestigten Massen ist neben der Korngröße die chemische bzw. mineralogische Zusammensetzung von Wichtigkeit.

In bezug auf chemische Zusammensetzung der Gesteine ragen zwei Bestandteile besonders hervor. Kieselsäure bzw. Quarz und die Erdkarbonate, besonders Kalkkarbonat.

Quarz verwittert kaum, er zerbricht nur in kleinere Körner. Der Kieselsäuregehalt der Gesteine macht sich bei der Geschwindigkeit der Verwitterung geltend, die durchschnittlich um so schneller fortschreitet, je ärmer das Gestein an Kieselsäure ist. Quarz wie Kieselsäure wirken im Boden wesentlich als Verdünnungsmittel der anderen Bestandteile; man spricht daher auch wohl vom Gehalt der Gesteine an Nichtkieselsäure, aus ihm gehen die feinstkörnigen Bodenbestandteile, die Tone, hervor.

Der Einfluß der Erdkarbonate, besonders des Kalkes im Boden beruht zunächst darauf, daß die Verwitterung bei Anwesenheit von Kalk nicht zur Bildung sauer reagierender Bodenbestandteile führen kann. Auch die schwächsten Säuren zersetzen Karbonate und machen Kohlensäure frei, die weiter in Kohlendioxyd und Wasser zerfällt und damit aus dem Boden ausscheidet. Karbonathaltige Böden reagieren daher nicht sauer, meist schwach alkalisch. Die Kalkverbindungen wirken auf die Bodenteile stark flockend ein, so daß kalkreiche Böden gekrümelt sind. Verwittern Kalkgesteine, so wird das Kalkkarbonat ausgewaschen und die nicht aus Karbonat bestehenden Teile des Gesteins bleiben zurück; die große Mannigfaltigkeit der „Kalkböden" in Feuchtgebieten beruht hierauf. Humusbildung verläuft in kalkreichen Böden etwas abweichend von den Vorgängen in Silikatböden. Der Humus ist von tief dunkler Färbung und scheint sich nur langsam abzubauen, kolloid aufgequollene Humusstoffe fehlen auf kalkreichen Böden. Berücksichtigt man noch, daß Kalkgesteine fast stets stark zerklüftet und dadurch gut entwässert sind, so wird verständlich, daß in allen Feuchtgebieten die Böden mit ausreichendem Kalkgehalte bestimmte Merkmale tragen und als „Kalkböden" unterschieden werden. In Trockengebieten haben alle Böden ausreichenden Gehalt an Kalk um ihnen den Charakter der Kalkböden zu geben.

Unter den Botanikern herrschen seit langer Zeit über die Bedeutung des Kalkes für die Pflanzenverbreitung verschiedene Meinungen. Nur selten wird berücksichtigt, daß ein mäßiger Gehalt an Kalkkarbonat, erfahrungsgemäß etwa 2 bis 3 $^0/_0$, ausreicht, um dem Boden genügend Kalk für chemische Wirkung zu geben; leicht zersetzbare Kalksilikate verhalten sich dem Karbonat ähnlich. Für die chemische Wirkung im Boden ist es gleichgültig, ob er 2,5 oder 25 $^0/_0$ Kalkkarbonat enthält.

Weit verbreitet sind die Lößböden; sie bedecken einen nennenswerten Prozentsatz der Erdoberfläche. Die Lößböden kennzeichnen sich durch gleichmäßige geringe Korngröße und durch die poröse Struktur des Gesteines. Es sind Staubböden, frei von groben Gesteinsteilen und arm an Ton. Korngröße wie Struktur des Löß begünstigt die Wasserleitung; das Wasser dringt leicht ein und steigt leicht und schnell aus tieferen Schichten zu den höheren empor. Dies Verhalten beruht einmal auf den langen Leitbahnen der Poren sowie darauf, daß der Wassertransport am ausgiebigsten bei Korngrößen erfolgt, welche denen des Löß entsprechen. (Bei größeren Körnern erfolgt die Leitung sehr rasch, die Hubhöhe ist aber gering; bei sehr geringen Korngrößen ist die Hubhöhe für Wasser groß, die Geschwindigkeit des Wassertransportes aber infolge vergrößerter Reibung sehr verlangsamt.)

Der Löß ist bei sehr gleichbleibenden Eigenschaften räumlich weit verbreitet; für die Bodeneinteilung kennzeichnet sich der Löß als Ortsboden dadurch, daß er bei seiner Verwitterung je nach den klimatischen Bedingungen verschiedene Böden liefert.

Der Einfluß des Grundgesteins auf die Bodeneigenschaften tritt am auffallendsten hervor in Gebieten mittelstarker Verwitterung und gemäßigtem Klima. Es ist nicht zufällig, daß Fallou, der in Mitteldeutschland lebte, bei dem ersten Versuche, die Böden auf wissenschaftlicher Grundlage zu ordnen, vom Grundgestein ausging.[19])

Die Bezeichnung der Bodenformen nach dem Grundgestein hat für die Bodenbenutzung oft Wichtigkeit und gewinnt sie um so mehr, je gleichmäßiger das Grundgestein ausgebildet ist und je räumlich ausgedehnter sein Vorkommen ist. Ändern sich die klimatischen Bedingungen, so ändert sich auch der Charakter des Verwitterungsbodens eines Gesteins. Ein Granitboden wird im Braunerdegebiete Mitteleuropas etwa folgende Eigenschaften haben: Es ist ein locker gelagerter, lehmiger Sand- bis Lehmboden, mit verhältnismäßig hohem Gehalt an Kali, mittlerem an Phosphorsäure, geringem an Kalk. Humusbildung und Humusabbau verlaufen normal. Im Gebiete der nordischen Bleicherden ist aus einem Granit gleicher Zusammensetzung zu erwarten: Ein dicht gelagerter, ausgewaschener, enteiseneter Boden von überwiegendem Charakter der Sandböden, mit geringem Gehalte an Pflanzennährstoffen; an Stellen starker Wasserbewegung mit ausgesprochenem Podsolprofil. Organische Reste werden langsam abgebaut, so daß vielfach Ansammlung von wenig zersetztem Humus auf dem Boden stattfindet.

Ein Basaltboden des Braunerdegebietes läßt einen steinhaltigen, infolge Zerklüftung des Gesteins gut drainierten, nährstoffreichen Tonboden erwarten usw.

Die Unterscheidung der Böden in Gesteins-Verwitterungs-böden (Eluvial-, Primitivböden) und Schuttböden (Derivat-böden, Kumulativböden) ist vielfach zur Bodeneinteilung benutzt worden. Auf Ortsböden bezogen ist die Trennung berechtigt, nicht aber als allgemeine Grundlage der Einteilung; denn die lockeren, nicht verfestigten Gesteinsmassen unterliegen der klimatischen Verwitterung in gleicher Weise wie feste Gesteine.

Die Schuttböden umfassen die Bodenformen, welche durch Umlagerung von Gesteinsschutt gebildet worden sind. Die Abfuhr vom Orte des Gesteinszerfalles und Wiederabsatz der verfrachteten Massen kann durch Abrutsch an Hängen (Schutthalden, Schuttkegel), durch Wasser (Schwemmlandsböden), durch Eis (Gletscherböden, glaziale Böden) oder durch Wind (Flugsand, Löß) erfolgen.

Diese Bodenformen haben bestimmte Eigenschaften, welche sie kenntlich machen. Fast alle Schuttböden sind tiefgründig, und da sie zumeist in vertieften Stellen des Geländes zur Ablagerung kommen, führen sie genügend bis reichlich Wasser.

Schutthalden und Schuttkegel bilden stark geneigte lockere Anhäufungen von Bruchstücken verschiedener Größe, unter denen die groben Gemengteile bis zu Gesteinsblöcken meist vorherrschen.

Die durch Wasser umgelagerten Schwemmlandsböden sind vielfach weitgehend nach Korngrößen sortiert und werden dann als Ton, Sand, Geröllböden unterschieden. Die Ablagerung erfolgt zumeist in Tieflagen in ebener Ausformung. Je nach dem Ursprungsgestein zeigen sich Unterschiede in der Zusammensetzung der Böden, so daß zahlreiche Unterabteilungen auftreten, die vielfach mit besonderen Bezeichnungen belegt werden.

Die Böden glazialen Ursprungs überdecken auf der nördlichen Halbkugel sehr große Flächen, es sind Ablagerungen der diluvialen Eiszeit. Die Glazialböden zerfallen in zwei große Gruppen, je nachdem die vom Eis bewegten Moränen mehr oder weniger unverändert erhalten sind oder noch eine weitere Umlagerung der Bruchstücke durch Wasser stattgefunden hat. Man unterscheidet hiernach die Moränenböden, welche ein Haufwerk von Bruchstücken aller Korngrößen, vom feinsten Gesteinsstaub bis zum Steinblock bilden, von den durch die diluvialen Schmelzwässer umgelagerten Böden, die zumeist aus Geröll und Sandablagerungen hervorgehen, während Staub- und Tonböden an Menge zurücktreten.

Die aus windbewegten Gesteinsteilen hervorgehenden Ablagerungen teilen sich nach der Korngröße in zwei große Gruppen, die Flugsanden und Flugstaub entsprechen. Die Flugstaubablagerungen lassen sich in die Formen der Lößes und der vulkanischen Aschen trennen.

2. Die Korngröße der Bodenbestandteile.

Auf die Zusammensetzung der Böden aus Gemischen verschiedener Korngrößen baut sich im wesentlichen die gebräuchliche land- und forstwirtschaftliche Einteilung in Sand-Lehm-Tonböden auf. Alle Korngrößen von amikroskopischen Teilchen bis zum Steinblock nehmen an dem Bau der Böden teil. Internationale Vereinbarung hat dazu geführt, die Korngrößen in folgende Hauptgruppen zusammenzufassen (auf R. Atterbergs Vorschlag):

über 2 mm Durchmesser: Steine, die weiter als Grand (gerundete Bruchstücke), Gruß (eckige Bruchstücke), Steine, Steinblöcke zu unterscheiden sind;

2 mm bis 0,2 mm Durchmesser: Sand;

0,2 mm bis 0,02 mm Durchmesser: Staub;

0,02 mm bis 0,002 mm Durchmesser: Ton.

Jede dieser Gruppen übt im Boden besondere Wirkungen aus. Steine beeinflussen Wasserführung und Erwärmbarkeit des Bodens. Sand wirkt als Verdünnungsmittel der feinstkörnigen Bodenbestandteile und befördert leichtes Eindringen des Wassers im Boden. Staub zeigt kräftige Kapillarwirkungen und beeinflußt den Wasseraufstieg. Im Ton ist die Hauptmenge der chemisch zersetzten Verwitterungsstoffe angesammelt; in reinem Wasser sind die Tonteilchen in lebhafter Brownscher Molekularbewegung.

In weitaus den meisten Fällen sind die Böden Gemische sehr verschiedener Korngrößen; halten sich diese annähernd das Gleichgewicht, so spricht man von Lehmboden, herrschen einzelne Korngrößen an Menge so vor, daß sie bestimmend für die Bodeneigenschaften werden, so bezeichnet man die Böden als Sand-Staub-Tonboden.

Die Einteilung der Böden nach den Korngrößen vermittelt eine Vorstellung von bestimmten Eigenschaften des Bodens.

3. Ortslage.

Zu den Einflüssen, welche die Bodeneigenschaften beeinflussen und ökonomisch oft große Bedeutung haben, gehört die Ortslage; es ist darunter ebensowohl die Erhebung über die benachbarte Umgebung wie auch Neigung und Ausformung nach der Himmelsrichtung zu verstehen. Die absolute Höhenlage führt zur Änderung des herrschenden Klimas und zur Herausbildung selbständiger Bodenformen; sie sind am richtigsten bei den klimatischen Bodenformen verschiedener Regionen zu besprechen.

Die Neigung der Bodenfläche gegen die eben gedachte Erdoberfläche bezeichnet man als Inklination; die Lage gegen die Himmelsrichtung als Exposition.

Die Inklination wird durch den Grad der Neigung zum Ausdruck gebracht und beeinflußt die Benutzbarkeit der Böden (über 20^0 ist Ackerbau, über 30^0 Neigung der regelmäßige Waldbau nicht mehr möglich). Stark geneigte Hänge leiden unter erleichterter Abfuhr der feinkörnigen Bestandteile und oberflächlichem Ablaufen des durch Niederschläge zugeführten Wassers.

Die Lage nach der Himmelsrichtung beeinflußt infolge verschiedener Bestrahlung die Bodentemperatur und Verdunstung stark. Zugleich macht sich die Einwirkung der herrschenden Winde geltend, welche auf die Bodentemperatur erkältend, auf die Verdunstung stark steigernd wirken. Auch den mechanischen Wirkungen des windgepeitschten Regens schreibt man Einfluß zu; die vom Regen getroffenen Hänge verlieren mehr Erde durch Abfuhr als die im Regenschatten (Lee) liegenden Böden.

Die Besonnung der Hänge und damit ihre Erwärmung ist nach ihrer Exposition verschieden, so daß kräftige Unterschiede nach der Nord- und Südrichtung hervortreten. Kaum geringer ist die Einwirkung der herrschenden Winde, so daß in den Grenzgebieten klimatischer Bodenzonen nicht selten regelmäßig wiederkehrende Unterschiede in den Bodenformen auf der besonnten und beschatteten Seite hervortreten.

Diese Einflüsse können sich so weit steigern, daß besondere Bodenformen gebildet werden, welche den Hängen und den frei hervorragenden Köpfen und Oberflächen der Höhen angehören und die man als Randböden bezeichnen kann. Eine derartige ausgesprochene Randbildung sind die humusreichen schwarzen, sehr lockeren Böden der süddeutschen Kalkgebirge, welche neuerdings von Höfle beschrieben und untersucht worden sind.[20]) Auch die Roterden der Kalkhänge im nördlichen Mittelmeergebiete faßt man wohl am richtigsten als Randbildungen auf. Am kräftigsten wird die abweichende Bodenbildung sich auf zerklüftetem Gestein geltend machen, welches raschen Abfluß des Wassers gestattet, aber die Versorgung des Bodens durch Zufuhr von Feuchtigkeit durch den aufsteigenden Wasserstrom hemmt. Es ist daher nicht auffällig, daß die Ausbildung abweichender Randböden besonders auf Kalk hervortritt. Bisher hat man den Randbildungen von Böden keine oder nur geringe Aufmerksamkeit geschenkt; vielleicht ist ihr Vorkommen verbreiteter als angenommen wurde.

4. Ortsstetigkeit der Böden. Wanderböden.

Die große Zahl der Böden ist ortsstet, d. h. sie verbleiben am Ort ihrer Entstehung und unterliegen der fortschreitenden Verwitterung. Umlagerungen ihrer Teile sind sparsam oder erfolgen im Innern der Böden. Diese Böden haben ein Bodenprofil, aus dem sich die bodenbildenden Vorgänge erkennen lassen.

Zur Bildung eines Bodenprofils bedarf es je nach den herrschenden Bedingungen längerer oder kürzerer Zeit. Voraussetzung für die Herausbildung eines charakteristischen Bodenprofils ist daher, daß der Boden lange genug ortsstet bleibt, also nicht unter dem Einfluß äußerer Kräfte seinen Ort an der Erdoberfläche verändert. Ortsverschiebungen können schnell oder langsam erfolgen. Ist der Verlauf schnell, so sind keine kenntlichen Verwitterungsschichten vorhanden. Der Boden ist dann einheitlich gebaut (Dünen) oder es zeigen sich regelmäßig verteilte Unterschiede der Korngrößen (z. B. nordische Fließerden). Man kann die beweglichen Bodenarten unter der Bezeichnung Wanderböden zusammenfassen. Verlieren die Wanderböden ihre Beweglichkeit und werden ortsstet, so unterliegen sie der für ihr Gebiet bezeichnenden Verwitterung.

Erfolgt die Ortsveränderung langsam, so sind die Böden von der fortschreitenden Verwitterung sichtlich angegriffen, aber der Abtrag erfolgt zu schnell, um zur Bildung eines den klimatischen Verhältnissen entsprechenden Profils zu gelangen; man kann diese Formen als Kriechböden bezeichnen. Solche Kriechböden sind an Berghängen in vielen Feuchtgebieten zu finden*). Wahrscheinlich treten sie in starker Verbreitung in den Gebirgen der Tropen auf; rasch fortschreitende Verwitterung und hohe Regenmenge lassen verbreitetes Auftreten der Kriechböden erwarten und die meist steilen Berghänge der Tropen sprechen für ihr Vorkommen.

Die Kriechböden haben vielfach gemischten Charakter und setzen sich aus Resten der verschiedenen Schichten zusammen, welche den Hang aufbauen. Einem Übergang zwischen den Kriechböden und durch Wasser umgelagerten Böden entsprechen die „Abschlämmassen" der geologischen Kartierungen.

In Feuchtgebieten, denen die Kriechböden fast ausschießlich angehören, tritt nicht selten eine Erscheinung hervor, die leicht irrig gedeutet werden kann. Die Geschwindigkeit der Bewegung ist bei den Kriechböden sehr gering, so daß die Tatsache des Kriechens erst neuerdings erkannt oder doch nach ihrer Wichtigkeit gewürdigt worden ist.[21] Nicht selten ist die Verwitterung der Böden ziemlich vorgeschritten, ohne daß jedoch die den klimatischen Verhältnissen entsprechende Gliederung des Bodenprofils erreicht ist; nur wenn durch die Ausformung des Geländes die Bewegung stark verlangsamt oder aufgehoben ist, tritt das Profil hervor. Die fast völlige Verwitterung der Silikate der oberen Bodenschichten, Umbildung des Bodens durch kolloide Humuslösungen u. dergl. verlaufen langsam, so daß die Abfuhr der Schichten vielfach rascher erfolgt als die dem Klima entsprechende Umbildung der Böden. Der Boden erhält dadurch im Auswaschgebiet Eigenschaften, als ob er unter der Einwirkung eines wärmeren Klimas als das herrschende stehe. So tragen vielfach Böden der süddeutschen Mittelgebirge den Charakter der Braunerden, trotzdem man nach dem Klima Bleicherden erwarten sollte, die sich auch an Stellen verlangsamter Abfuhr tatsächlich finden**).

---

*) G. Götzinger, Pencks geogr. Abh. 9, S. 1 (1907); Chr. Tarnuzzer, Pet. geogr. Mitt. 57, S. 262 (1911).

**) Die Tatsache, daß geologisch junge Böden erst nach längerer Zeit den vollen Charakter des klimatischen Bodentypus annehmen, hat K. Glinka veranlaßt[23]), den größten Teil West- und Mitteleuropas dem Podsolgebiet zuzurechnen und die Braunerden dem Horizont B der Podsolböden gleichzustellen. Der Horizont A ist die Schicht der Podsolböden, bis zu der die volle Verwitterung und Auswaschung vorgeschritten ist, B ist die Schicht des Bodens, welche in voller Verwitterung begriffen und durch Ausfällung aufgelöster Stoffe des Horizontes A unter chemischem (kolloiden) Transport von Eisenoxyd und Tonerde

Zu den Wanderböden gehören die nordischen Fließerden; diese Böden werden durch die aufschlämmenden Wirkungen elektrolytarmer Wässer und Volumenveränderungen durch gefrierendes Wasser dauernd in Bewegung erhalten.[22])

Den Fließerden schließen sich die staubreichen Flottsande und feinsandige Böden an, die, mit Wasser gesättigt, zu treiben beginnen. Diese Böden entsprechen dem „schwimmenden Gebirge" der Bergleute, sie kennzeichnen sich dadurch, daß das eingeschlossene Wasser nicht abfließt, auch wenn dazu die Möglichkeit gegeben ist. Diese Böden sind nicht gekrümelt, sondern lagern in Einzelkornstruktur.[23])

Böden mit fortdauernder Stoffzufuhr.

An die Wanderböden schließen sich am geeignetsten die Bodenformen an, denen von außen fortgesetzt Material zugeführt wird. Die Zufuhr erfolgt durch Wind oder fließendes Wasser.

Die Verfrachtung durch Wind ist in Feuchtgebieten gering, sie nimmt um so mehr zu, je trockner das Klima ist. Die Gebiete östlich der großen Binnenwüsten Asiens erhalten zur Jetztzeit wohl die reichlichste Zufuhr von Staub durch Windtransport. Vereinzelt treten Staubfälle in allen Gegenden auf; über Europa sind wiederholt nicht unbedeutende Niederschläge von Saharastaub niedergegangen.

Die Ablagerung windbewegten Staubes wird namentlich durch Gebirge begünstigt, deren Ketten quer zur herrschenden Windrichtung verlaufen. Der am Gebirge aufsteigende Luftstrom erkaltet und Wasserdampf wird ausgeschieden. In der Luft

---

angereichert ist. Nach Glinka würden die Braunerden unfertige Podsolböden sein, ihnen fehlt aber der Auswaschungshorizont A, soweit Sesquioxyde in Frage kommen, und der Anreicherungshorizont B. Die Braunerden haben entsprechend den gemäßigten klimatischen Bedingungen ihrer Verbreitung eine Mittelstellung unter den Bodentypen, sie schließen in feuchten kühlen Grenzen an die Podsolböden an, in trocknen verhalten sie sich ähnlich humusarmen Schwarzerden (führen nicht selten Kalkhorizonte), in warmen Gebieten ähneln sie den Roterden ohne jedoch den Charakter einer selbständigen Bodenformation zu verlieren. Dies schließt natürlich nicht aus, daß im Podsolgebiet Bodenarten vorkommen, welche der Glinkaschen Annahme entsprechen und nicht selten im Aussehen den Braunerden ähnlich sind, zumal wenn durch Beackerung der schwach entwickelte Horizont A mit B vermischt wird. Regelmäßige Düngung und Bodenbearbeitung führt dann zu einem Bodenzustand, der dem der Braunerden nahekommt. Der Mensch schafft diesen Böden durch sein Eingreifen ein „wärmeres Bodenklima" und wirkt durch Düngung der Auswaschung entgegen.

schwebende Staubteile dienen den sich bildenden Wassertröpfchen als Kerne und werden mit Nebel, Regen oder Schnee dem Boden zugeführt. Alle Höhenböden der Gebirge enthalten größere oder geringere Mengen durch Wind zugeführten Gesteinsstaubes. Für die Böden der Karpathen ist die Bedeutung der Zufuhr durch Wind von Peter Treitz neuerdings gezeigt worden.[24]

Ähnliche Bedingungen wie die Gebirge bieten dem Absatz äolischen Staubes die Flußtäler. Die hier herrschenden Ortswinde (Tal- und Bergwinde) schaffen verwandte Bedingungen für die Ausscheidung des vom Wind mitgeführten Staubes, wie sie für die Gebirge gelten. Breite Flußtäler werden dadurch nicht selten Grenzen von Bodenformen; die diluvialen Lößablagerungen, die unsere Flußläufe vielfach begleiten, sind wohl mit auf diese Wirkungen zurückzuführen.

In Gegenden mit tätigen Vulkanen erreicht die Zufuhr von Sand und Staub durch Wind bei Vulkanausbrüchen oft sehr große Höhe. Die Böden Mittelamerikas und der vulkanischen indischen Inseln erhalten durch die oft massenhaft zugeführte vulkanische Asche besonderen Charakter; von J. Mohr sind sie als Efflataböden bezeichnet worden.[25]

Die Zufuhr von Mineralteilen durch Wasser erfolgt in der Höhe des normalen Wasserstandes meist in Form von Geröll und Kiesbänken, die nur wenig ortsstet sind und eine Unterabteilung der Wanderböden bilden.

Im Gebiete regelmäßig oder häufig wiederkehrender Hochwasser findet Absatz von Sand, Staub und Ton statt, hierdurch wird der Boden allmählich aufgehöht (Aueböden). Die Beschaffenheit der Flußabsätze wechselt nach den Gesteinsarten der durchströmten Gebiete und dem Gefälle der Flüsse.

Am Ufer der Meere bilden sich unter dem Einfluß der wechselnden Gezeiten auf flachen Ufern Böden von besonderem Charakter, die Schlickböden, die landfest geworden z. B. einen großen Teil unserer Marschen bilden (Kleiböden). Schlickböden entstehen unter den verschiedensten Klimaten, die außereuropäischen Ablagerungen sind bisher nur ungenügend bekannt.

Alle hier besprochenen Bodenformen tragen gemischten Charakter, sie unterliegen der herrschenden Verwitterung, erhalten aber Zufuhr von ortsfremdem, meist unverwittertem Material. Hört die Zufuhr auf, wie dies stattfindet beim Schlickboden durch

Einpoldern oder Erhöhen der Ablagerung über den durchschnittlichen Wasserstand, bei Aueböden durch Veränderungen der Flußläufe oder Aufhöhen des Bodens über den Hochwasserstand, bei Efflataböden durch Minderung der vulkanischen Tätigkeit, so unterliegen die Böden der Einwirkung der herrschenden klimatischen Verwitterung.

Anhang: Geologisches Alter der Böden. Klimawechsel.

Die Bodenbildung ist ein geologischer Vorgang, welcher einsetzt, sobald sich Festland bildet. In allen geologischen Formationen sind Böden gebildet worden. Der Aufbau der Böden aus lockeren Bruchstücken und chemisch zersetzten Massen ist der dauernden Erhaltung der Böden nicht günstig. Berücksichtigt man noch, daß fossile Böden durch diagenetische Vorgänge verändert sind, sowie daß man auf das Vorkommen fossiler Böden erst spät aufmerksam wurde, so fällt es nicht auf, daß die Zahl der bekannt gewordenen Böden gering ist.[26] Gut erkennbar sind Böden, welche von äolischen Bildungen überlagert sind; in Dünengegenden sind sie verhältnismäßig häufig. Die russischen Bodenforscher haben für diese Vorkommen die Bezeichnung „begrabene Böden" eingeführt.[27]

Die Hauptmasse der Böden früherer Formationen ist abgetragen und zerstört worden. Zeitabschnitte außergewöhnlich starker Bodenzerstörung sind die Eiszeiten. Gletscher und Inlandeis mögen auf anstehende feste Felsmassen vielfach nur schwach abtragend einwirken, zur Wegfuhr gelockerter Massen reichte ihre Kraft zweifellos aus. Ein großer Teil der nördlichen Erdkugel ist in der Eiszeit von seinen alten Böden entblößt worden und ist jetzt, geologisch betrachtet, mit jungen Bodenschichten bedeckt. Die Eiszeiten sind zugleich Zeitabschnitte starken Klimawechsels, so daß nicht nur die unmittelbar eisbedeckten Strecken getroffen wurden, sondern auch die eisfreien Landteile unter veränderten klimatischen Wirkungen standen.

Verfasser ist geneigt, diesen Wirkungen für Mitteleuropa Bedeutung beizumessen. Die Blockanhäufungen der Mittelgebirge tragen, wenn auch abgeschwächt, den Charakter der Verwitterung durch Spaltenfrost; die oft starke Enttonung der Böden der Hochlagen spricht für die Tätigkeit elektrolytarmer Wässer. Die

Verwitterungsböden deuten vielfach auf starke Auslaugung zur Diluvialzeit.

Am Schlusse der Diluvialzeit und nach der Diluvialzeit sind erkennbare Veränderungen vorhandener Böden eingetreten. Der Nordwestrand der osteuropäischen Schwarzerde ist von einem aus Schwarzerde hervorgegangenen Gürtel „grauer Walderden" umgeben. Diese Böden werden von den russischen Forschern als „degradierter Tschernosem" bezeichnet.[28] Solche Vorkommen reichen weit nach Westen; sie sind im norddeutschen Flachlande verhältnismäßig verbreitet. Die Umbildung der Schwarzerde ist wohl überwiegend durch das Vordringen des Waldes verursacht. Dem Walde entspricht ein anderes Bodenklima als der Grassteppe; die Änderung im Bodenklima, welche durch den Vegetationswechsel eingetreten ist, erscheint beträchtlich genug, um in Grenzgebieten zur Ausbildung einer abweichenden Bodenform Veranlassung zu geben.

Für Böden, welche unter Einfluß eines Klimawechsels ihre ursprünglichen Eigenschaften verloren haben, hat Verfasser früher die Bezeichnung „Reliktenböden" vorgeschlagen.[29]

III. Einwirkung der Organismen auf den Boden.

Der Boden ist der Träger der festländischen Organismen. Die Beziehungen zwischen Lebewesen und Boden werden um so inniger, ein je größerer Teil des Lebens im Boden verläuft. Es tritt dann völlige Anpassung an das Bodenklima ein, besonders an die mit Wasserdampf gesättigte Bodenluft. Die Anpassung ist vollständig, wenn die Organismen das durchschnittlich herrschende Luftklima nicht ertragen können, wie das z. B. für die bodenlebenden Würmer gilt, die an die Luft gebracht der starken Verdunstung erliegen. Andere Tierarten verbringen einen Teil ihres Lebens, z. B. das Larvenstadium im Boden; die höheren Pflanzen zeigen Zweiteiligkeit ihrer Organisation; Stamm und Blätter sind für das Luftklima, die Wurzeln für das Bodenklima ausgerüstet.

Die Tiere beeinflussen den Boden durch ihre wühlende und grabende Tätigkeit, durch ihre Ausscheidungen und durch Zerstörung lebender und abgestorbener Pflanzenteile.

Die Überführung zusammenhängender Pflanzenreste in feinfaserige Massen wird in erheblichem Umfange durch Tiere herbeigeführt. Die wühlende Tätigkeit übt mechanische Einwirkung auf die Böden und befördert die Krümelbildung. Der ausgeschiedene Kot der erdlebenden Tiere findet sich örtlich in so großen Mengen, zumal bei reichlicher Wurmbevölkerung der Böden, daß der Boden dadurch charakteristische Beschaffenheit erhält.

Unter den Tieren sind die Würmer, zumal die Regenwürmer, die stärksten Umbildner des Bodens; aber auch alle anderen erdlebenden Tiere üben einen höheren oder geringeren Einfluß aus.

Die Pflanzen können für ihre Wirksamkeit im Boden in eine Klein- und Großflora getrennt werden. Die Kleinflora umfaßt Spaltpilze, Fadenpilze und einzelne Gruppen der Algen. Diese Kleinwelt ist der Hauptträger des Abbaues abgestorbener organischer Reste und der Humusbildung. Unter den Bakterien sind zahlreiche Arten und Gruppen mit einseitig ausgebildeten Lebensbedingungen vertreten, wie die stickstoffbindenden Bakterien, Nitratbakterien, Schwefelbakterien usw. Die Lebenstätigkeit der Bakterien ist für ihre Größe sehr bedeutend und die große Anzahl, in der sie auftreten, steigert die Gesamtwirkung; die Bakterien werden dadurch zu einem der wichtigsten Faktoren der Umbildungen im Boden. Die Fadenpilze sind auf ihre Wirkungen im Boden noch wenig untersucht; es ist anzunehmen, daß die Ausscheidung der dunkel gefärbten Humusstoffe aus den abgestorbenen Pflanzenresten vorwiegend durch Fadenpilze erfolgt.[30]) Im großen Durchschnitt sind die Bakterien lichtscheu, sie bevorzugen nährstoffreiche Böden mit neutraler oder schwach basischer Reaktion. Die Fadenpilze entwickeln sich üppig auch auf nährstoffärmeren Böden und bei schwach saurer Reaktion. In gut durchlüfteten, nährstoffreichen, gekrümelten Böden herrscht das bakterielle Leben vor; in dichtgelagerten, nährstoffärmeren Böden überwiegen die Fadenpilze. Vorkommen und Wirksamkeit der niederen Flora des Bodens ist noch wenig durchforscht. In Feuchtgebieten finden sich die größte Anzahl an Organismen in den obersten Bodenschichten, nach der Tiefe nimmt ihre Menge ab und bereits in 50 cm Tiefe sind die Böden praktisch steril. In Trockengebieten gehen Bakterien viel tiefer, ihr Vorkommen wird z. B. in westamerikanischen Böden bis mehrere Meter tief angegeben.

3*

Die Pflanzen der Großflora liefern nach ihrem völligen oder teilweisen Absterben die Stoffe für die Humusbildung. Der Einfluß der Pflanzen auf den Boden ist sehr groß; sie entziehen dem Boden große Mengen Wasser und beeinflussen dadurch Bewegung und Verteilung des Wassers und der löslichen Stoffe im Boden. Die Durchwurzelung übt mechanische Wirkungen aus, zerkleinert dichte Humusmassen und fördert die Krümelung der Bodenteile.

Geschlossene Pflanzenformationen bilden eine Decke oberhalb des Bodens; sie verhindern unmittelbare Sonnbestrahlung des Bodens, setzen die Geschwindigkeit der Luftbewegung herab und geben dem Boden Schutz gegen die mechanischen Angriffe der fallenden Regentropfen. Alle diese Wirkungen üben Einfluß auf das Bodenklima. Als Regel kann gelten, daß eine lebende Pflanzendecke die Höchsttemperaturen des Bodens stark bis sehr stark gegenüber Freilandboden herabsetzt.

Die Wirkung der Pflanzendecken tritt um so stärker hervor, je dichter und gleichmäßiger der Pflanzenbestand ist und je länger die Lebenstätigkeit im Laufe der Jahre anhält.[31])

Jede Einzelpflanze wirkt bereits auf den Boden ein, kräftig treten die Einflüsse aber erst bei den im Verband wachsenden Pflanzen, in der Pflanzen-Genossenschaft (Pflanzenverein) hervor. Der Boden erhält je nach der herrschenden Pflanzendecke bestimmte Eigentümlichkeiten, so daß enge Beziehungen zwischen Pflanzenwelt und Bodenformationen hervortreten. Im übertragenen Sinne kann man von einer Lebensgemeinschaft zwischen Pflanzendecke und Boden sprechen, beide beeinflussen einander. Dies gilt nicht nur für die Großpflanzen, sondern für das organisierte Leben im Boden überhaupt. Nicht nur die Glieder des Pflanzenvereins stehen untereinander in Beziehungen, sondern unter dem Einfluß und Schutze der Pflanzendecke gestaltet sich das Tierleben und die niedere Pflanzenwelt des Bodens verschieden. Alle diese Organismen sind Glieder einer größeren Gemeinschaft, alle sind in langen Zeiträumen einander und den Eigenschaften des Bodens angepaßt, so daß der Eindruck eines einheitlichen Organismus erweckt wird, dessen Glieder in inniger Gemeinschaft leben und in ihrem Gedeihen voneinander abhängig sind.

Am kenntlichsten treten diese Wirkungen in den Waldungen hervor. In den alten Kulturländern hat gegenüber den landwirtschaftlich genutzten Flächen Wald und Waldboden die geringsten Veränderungen unter dem Einfluß der Menschen erlitten.

Der Einfluß des Pflanzenbestandes auf den Boden ist unter dem Schutz der doppelten Decke, der Streuschicht und des Kronendaches gegenüber anderen Pflanzenbeständen sehr stark. Die Temperatur der Waldböden ist zur Sommerszeit erheblich niedriger als die der Freilandböden; die Windbewegung ist im Innern geschlossener Waldungen gering, die Verdunstung von der Bodenoberfläche ist durch diese beiden Wirkungen herabgesetzt. Die oberste Bodenschicht der Waldböden ist daher durchschnittlich feuchter als die der Freilandböden, hierdurch wird die Entwicklung der Kleinflora und -Fauna des Bodens begünstigt, der Abbau der organischen Stoffe beschleunigt und gleichmäßiger gestaltet. Die Baumwurzeln haben lange Lebensdauer, ihr Zuschuß zu den organischen Stoffen des Bodens ist deshalb gering, die Zufuhr abgestorbener Reste erfolgt fast ausschließlich durch Streuanfall an der Oberfläche des Bodens; von hier aus findet die Humusbildung statt. Zur Vermischung der humosen Stoffe mit den Mineralteilen des Bodens bedarf es daher der Tätigkeit der Tier- und Pflanzenwelt. Es sind dies die hauptsächlichsten Ursachen, welche den Waldboden vom Boden anderer Pflanzenvereine unterscheiden. Die verschiedenen Baumarten beeinflussen den Boden verschieden stark und in ungleicher Weise, so daß den wichtigsten Waldformen (Buche, Fichte, Kiefer, gemischte Waldungen) auch bestimmte Bodenformen entsprechen.

Diese Beziehungen gestalten sich noch verwickelter durch den Einfluß, welchen niedere Bodendecken (Moose, Beerkräuter, Gräser u. and.) auf den Boden ausüben und der im lichten Bestande den der hochwüchsigen Bäume übertrifft. Endlich verändert sich auch das Verhalten der Bäume selbst unter verschiedenem Klima. So ist z. B. die Buche für die Wälder Mitteleuropas die wichtigste „bodenbessernde" Holzart, unter ihrem Schirme erhält sich der Boden günstig und das Tierleben ist reich. Im nordwesteuropäischen Küstengebiete hingegen bilden sich im reinen Buchenbestande dicke Schichten von „Buchentorf" und die Verjüngung der Buche ohne menschliche Hilfe mißlingt. Unter Fichtenbeständen bleibt im natürlichen Verbreitungsgebiet der Fichte der Boden gesund; in Gebieten mit stärkerer Verdunstung ist die Fichte die bodenschädlichste Holzart unserer Waldungen.

Die Beziehungen zwischen Pflanzenvereinen und Böden sind sehr mannigfaltig, sie bedürfen dringend eingehender Untersuchungen.

Werden die Lebensbeziehungen zwischen Boden und Pflanzenvereinen durch natürliche oder künstliche Eingriffe gestört, so heilt die Natur nicht zu schwere Schäden wieder aus. Dauert die Beschädigung längere Zeit an, so kann der Boden abweichende Beschaffenheit annehmen. „Devastierte" Waldböden finden sich unter allen Klimaten und in allen Ländern.

Für gemäßigte Klimate kommen hauptsächlich folgende Pflanzengenossenschaften in Betracht.

1. Waldbestände. Die bezeichnenden Eigentümlichkeiten der Waldböden gegenüber Freilandböden oder anderen Pflanzengemeinschaften sind bereits hervorgehoben, es sind starke Minderung der Höchsttemperaturen, verminderte Verdunstung von der Bodenoberfläche und Ablagerung der abgestorbenen Pflanzenteile an der Bodenoberfläche. Die Einwirkungen des Waldes im Vergleich zu Freilandböden sind so beträchtlich, daß die Aufforstung eines brachen Feldes auf das Bodenklima wirkt, als ob das Feld um mehrere Breitengrade nach Norden verschoben sei.[32]) Unter den herrschenden Waldformationen sind für Europa zu nennen die nordischen Nadelhölzer (Typus Fichte) und die gemischten Laubhölzer (Typus Buche, Eiche). Unter den niederen Bodendecken sind Heide, Beerkräuter, Moosdecken durch ihren Einfluß auf die Bodeneigenschaften bemerkenswert.

2. Grasflur. Die Grasflur wird bezeichnet durch das Vorherrschen von Gräsern verschiedener Art. Man kann unterscheiden:

a) Wiesenformationen mit Gräsern mit langer Vegetationsdauer, die schon infolge des hohen Wasserbedarfes an niederschlagreichere Gebiete mit geringer Verdunstung oder an Böden mit Wasserversorgung aus dem Untergrunde gebunden sind.

b) Steppenformationen. Gräser mit kurzer Vegetationsdauer. Steppen finden sich unter gemäßigtem Klima in Gebieten mit starkem klimatischen Wechsel zwischen Sommer- und Winterhalbjahr. In der kalten Jahreszeit sammelt sich im Boden Wasser an (Winterfeuchtigkeit), welches zur Versorgung einer üppigen, aber kurzlebigen Frühjahrsvegetation ausreicht.

c) Savannen. Der Boden ist überwiegend mit hartblätterigen, hochwüchsigen Gräsern besetzt. Die Lebensbedingungen sind ähnlich wie die der Steppen; während und nach der Regenzeit stehen den Pflanzen große Mengen Wasser zur Verfügung.

d) Als vierten Typus der Grasflur kann man die zumeist aus Cyperazeen bestehenden Bestände der verlandenden Seen (**Flachmoore, saure Wiesen**) heranziehen.

Allen Grasfluren ist gemeinsam, daß die Pflanzen den Boden stark durchwurzeln. Die Hauptmasse der Wurzeln stirbt alljährlich ab; die Humusbildung erfolgt daher überwiegend aus Resten der Wurzeln, welche mehr oder weniger tief in den Boden eindringen. In den Verlandungsbeständen unserer Gewässer unterliegen die über die Wasseroberfläche emporragenden Pflanzenteile (von Schilf, Seggen usw.) der fortschreitenden Verwesung, während die Torfablagerung ganz überwiegend aus den unter Wasser befindlichen Wurzeln und Rhizomen erfolgt.

In ähnlicher Weise ist die Humusbildung in den Prärieböden und Schwarzerden anfzufassen. Die über den Boden hervorragenden Pflanzenteile dienen Tieren zur Nahrung oder verwesen, die zahlreichen und tiefgehenden Wurzeln der Steppenpflanzen zersetzen sich langsam und bilden den Humus der Schwarzerden.

Es besteht somit in der Humusbildung ein tiefgehender Unterschied zwischen **Wald** und **Grasflur**. **Unter Wald sammeln sich die Pflanzenreste vorwiegend auf dem Boden an, in der Grasflur überwiegt die Mischung der humusbildenden Graswurzeln mit dem Mineralboden.**

Die Humusform der Grasfluren ist, sofern es sich nicht um Torfbildung unter Wasser handelt, ein mit dem Mineralboden gemischter, im Boden fein verteilter Humus. Unter Wald dagegen treten zwei in Eigenschaften und in ihrem Verhalten gegen die Böden wesentlich verschiedene Formen der Humusbildung auf. Die eine ist die Form des „gesunden Bodens"; unter dem Einfluß wühlender und grabender Tiere und rasch fortschreitender Verwesung bilden sich Gemische von Mineralboden und Humus; der Humusgehalt nimmt von oben nach der Tiefe meist ab. Die zweite Humusform der Waldungen ist die Ablagerung der Pflanzenreste in festen, zusammenhängenden, schneidbaren Massen auf der Oberfläche des Mineralbodens (**Trockentorf, Rohhumus**). Überall, wo sich Trockentorf bildet, geht der Boden zurück, es ist die Humusform der „kranken" Waldböden.

Nach dem Einfluß, welchen die Pflanzen auf den Boden ausüben, kann man z. B. von Fichten-, Buchen-, Wiesen- usw.
Boden sprechen. In der Regel werden diese Bezeichnungen im
Sinne der Eignung für diese Pflanzenarten gebraucht, sie bringen
aber ebensowohl bestimmte Bodeneigenschaften zum Ausdruck.

Kulturböden. Große Flächen der Erdoberfläche sind von
Menschen in Kultur genommen und ist ihr Boden durch menschliche Arbeit verändert worden. Die kennzeichnenden Einwirkungen des menschlichen Eingreifens sind regelmäßig wiederkehrende Bodenbearbeitung und Zufuhr düngender Stoffe.

Die Nutzpflanzen, besonders die Getreidepflanzen, nehmen
eine besondere Stellung unter den Pflanzengenossenschaften ein;
sie sind keine natürliche Formation, sondern werden geschaffen
und erhalten durch die Tätigkeit der Menschen. Sich selbst
überlassen würden unsere Getreidearten in wenigen Jahren aus
der Flora verschwinden; ohne Getreide würde die Mehrzahl der
Menschen dem Hunger erliegen. Zwischen Mensch und Getreidearten besteht demnach enge Gemeinschaft zum gegenseitigen
Nutzen, bei dem die Getreidepflanzen ebenso beteiligt sind, wie
die Menschen. In der Regel werden derartige Beziehungen nur
vom Standpunkte des Menschen betrachtet und man spricht
von Nutzpflanzen, Kulturpflanzen; in der Tat handelt es sich
im naturwissenschaftlichen Sinne um eine echte Symbiose, die
erkennbar aus dem Helotismus des einen Komponenten hervorgegangen ist.

Als höchsten Typus der Kulturböden kann man die Garten-
böden bezeichnen; bei ihnen tritt die Wirkung der menschlichen
Arbeit besonders stark hervor. Ohne Rücksicht auf die ursprünglich vorhandenen Eigenschaften sucht man den Boden nach bestimmten Richtungen umzugestalten, es sind dies: gleichmäßige
Mischung der Bodenbestandteile und Herstellung günstiger Bodenstruktur; Anreicherung an humosen Stoffen durch Zufuhr organischer (Stall-) Dünger. Alle diese Arbeiten laufen darauf hinaus,
für die zu erziehenden Pflanzen tunlichst günstige Wachstums-
verhältnisse zu schaffen. Es sind dies namentlich günstige Beeinflussung der Durchlüftung und Wasserführung, so daß sowohl
ein Mangel wie ein schädliches Zuviel vermieden werden. Die
durchschnittliche Bodentemperatur steigt durch die Bearbeitung;
die Zufuhr organischer Stoffe steigert den Gehalt an Humus und

sichert den Pflanzen ausreichende Mengen von leicht aufnehmbaren Nährstoffen.

Alle diese Einwirkungen schaffen nicht nur den höheren Pflanzen günstige Lebensbedingungen, sondern auch der Kleinflora des Bodens; besonders werden die Bakterien begünstigt, deren Zahl und Tätigkeit im gut erhaltenen Gartenboden sehr hoch ist. Dagegen ist die Arbeit des Menschen dem Leben der Kleintiere im Boden nicht günstig; im Gartenboden mit der hohen Zufuhr an stickstoffreichem Dünger tritt dies weniger hervor als im Ackerboden. Im Ackerboden ist die Tierwelt nach Zahl und Mannigfaltigkeit der Arten gegenüber den natürlichen Pflanzenformationen in der Regel nicht unerheblich vermindert. Die Notwendigkeit, diese Böden alljährlich ein- oder mehrmal zu bearbeiten, wird durch die Verminderung der Kleintiere im Ackerboden erhöht; der Mensch muß durch seine Arbeit einen Teil ihrer Tätigkeit übernehmen.

Der Abbau der organischen Reste ist in regelmäßig bearbeiteten Böden gesteigert und kann unter Umständen zur raschen Verminderung des Humusgehaltes der Böden führen; zumal die Getreidearten sind der Landwirtschaft schon seit langer Zeit als „Humuszehrer" bekannt. In welch hohem Grade dies stattfinden kann, lehren einige amerikanische Untersuchungen, die zeigten, daß nach 10- bis 20jährigem ununterbrochenen Getreidebau die Humusmenge auf die Hälfte des ursprünglich im Boden vorhandenen Humus zurückgegangen war [33]) (in Prärieboden). Diese Einwirkungen treten um so schärfer hervor, je näher die Böden den Grenzen klimatischer Bodenzonen liegen. In ausgesprochenen Schwarzerdegebieten lehrt jahrhundertlange Erfahrung, daß viele Böden fortgesetzt Getreideernten liefern können, ohne erschöpft zu werden.

Überblickt man den Einfluß der Organismen auf die Bodenbildung, so ist er beträchtlich und namentlich ökonomisch oft von höchster Wichtigkeit. Die Einwirkung ist aber an die Herrschaft bestimmter Organismen gebunden; verschwinden sie durch irgendeine äußere Bedingung, die Tätigkeit der Menschen ist die bedeutungsvollste, so ändert sich die Beschaffenheit des Bodens dauernd, er nimmt andere Eigenschaften an.

IV. Einteilung (System) der Böden.

Die Einteilung der Böden setzt eine anerkannte Namengebung voraus. Hier beginnt bereits eine Schwierigkeit. Man spricht von Bodenarten, Bodenformen, Bodentypen. Es ist ohne weiteres ersichtlich, daß der Artbegriff, wie er sich hauptsächlich aus der Einteilung der lebenden Wesen herausgebildet hat, nicht auf Böden in gleicher Weise Anwendung finden kann. Wohl aber wird es zulässig sein, von Bodenarten in dem Sinne zu sprechen, daß darunter Böden mit übereinstimmendem Bau und gleichen Bedingungen der Entstehung verstanden werden.

Die Namengebung der klimatischen Bodenformen hat bisher mit wenigen Ausnahmen als leicht kenntliches äußeres Hilfsmittel die Farbe der Böden zugrunde gelegt. Bereits der Volksmund hat hier vorgearbeitet, Bezeichnungen wie Rote Erde, Terra rossa, Podsol, Tschernosem gehen von der Färbung des Bodens aus. Für die Anwendung der Farbbezeichnungen spricht nicht nur, daß die Färbung sofort in die Augen fällt, sondern daß auch die Bodenforscher aller Nationen sie als unterscheidendes Merkmal gebraucht haben. Mit der Bezeichnung Bleicherde z. B. wird ausgesprochen, daß es sich um eine enteisenete (ausgebleichte) Bodenform handelt; Schwarzerde weist auf beträchtlichen Humusgehalt hin, Braunerde sagt, daß der Eisengehalt des Bodens überwiegend als braunes Eisenhydroxyd, die Form der humiden Klimate, Roterde, daß rotes Eisenhydroxyd, die Form warmer Klimate, vorliegt. Nun ist aber bereits jetzt zu erkennen, daß ähnliche Färbung bei Böden abweichender Typen vorkommen kann und vorkommt.

Bleicherden gehen aus der Einwirkung elektrolytarmer, sauer reagierender Humusstoffe und aus der Einwirkung durch Soda aufgequollener Humusstoffe hervor. Die Zahl der Roterden wird voraussichtlich beträchtlich werden, wenn die tropischen Böden erst besser untersucht sind.

Es würde bedauerlich sein, die Bezeichnungen der Böden nach der Färbung aufzugeben; denn damit würde auch eine Summe von Vorstellungen verschwinden, welche sofort über Entstehung und Eigenschaften der Böden ausgelöst werden.

Namengebung und Definitionen sind Hilfsmittel der Verständigung; es sind Versuche, die gewonnene Erkenntnis in einfache

Formeln zu fassen. Der Stand der Wissenschaften spiegelt sich daher in ihnen am schärfsten wieder und die Fortschritte einer Wissenschaft kommen in ihnen am klarsten zum Ausdruck. Zurzeit genügt für die Bodenkunde die Namengebung nach der Färbung der Böden; es scheint zweckmäßig, vorläufig daran festzuhalten und eine Änderung der Bezeichnungen der Zukunft zu überlassen. Man wird daher die jetzt vorhandene Namengebung festhalten, sie aber so verwenden, daß sie als Ausdruck gemeinsamer Eigenschaften benutzt wird. Die Farbnamen der Böden gehen daher über die Grenze der Bezeichnung von Ortsböden hinaus, sie sollen auf klimatischer Grundlage beruhen.

Für Ortsböden greift man am richtigsten auf gebräuchliche Bezeichnungen des Volksmundes zurück; bereits liegen einige Beispiele vor, welche für Anwendbarkeit sprechen und auch in die Wissenschaft übergegangen sind.

Zurzeit sind unter den Bezeichnungen für klimatische Bodenformen aufzuführen:

Bleicherden sind enteisenete und dadurch, außer Humus, von färbenden Bestandteilen befreite Bodenformen. Die Bleicherden sind weiß oder durch schwachen Gehalt an organischen Stoffen grau gefärbt. Zu den Bleicherden gehören als klimatische Bodenformen die Podsolböden (russisch = Aschenböden; ein Name, welcher das diesen Böden eigentümliche Aussehen ähnlich der Holzasche gut zum Ausdruck bringt), die grauen nordischen Waldböden, sodann alle Bodenformen, welche Soda in nennenswerter Menge führen; so die grauen Steppenböden.

Schwarzerden sind humusreiche Böden, deren Humus mit dem Mineralboden innig gemischt und durch mechanische Mittel nicht davon trennbar ist. Gemische von Sand und Moder gehören daher nicht zu den Schwarzerden. Es sind Böden, die unter der Vorherrschaft arider klimatischer Bedingungen entstanden sind. Zu den Schwarzerden gehören die Böden Osteuropas, für die man am einfachsten an der russischen Bezeichnung für Schwarzerde = Tschernosem festhält; ferner gehören zu den Schwarzerden die Prärieböden Nordamerikas, der Regur Indiens, die Böden der Küstengebiete Maroccos usw.

Den Schwarzerden schließen sich an die kastanienbraunen Böden der wärmeren, mehr ausgesprochen ariden Gebiete. Die Färbung dieser Böden wird durch humose Stoffe hervorgerufen, welche sich durch ihre hellere, braune Färbung von den Humusformen der meisten anderen Gebiete unterscheiden. Die kastanienfarbenen Böden sind als eine unter stark ariden Bedingungen gebildete Fazies der Steppenschwarzerden aufzufassen; ihr Vorkommen ist im Schwarzenmeergebiet zuerst unterschieden, ihre Verbreitung in Zentralasien ist durch Glinka abgegrenzt worden[34]); im Westen Nordamerikas scheinen die kastanienfarbenen Böden reichlich vorzukommen.[35])

Braunerden sind Bodenformen, deren färbender Bestandteil ein gelb bis rotbraun gefärbtes Eisenhydroxyd ist. Die Braunerden sind Bodenformen vorherrschend humider Gebiete; ihr Humusgehalt ist meist nicht hoch, genügt aber, um der Färbung des Bodens einen unreinen, schmutzigen Ton zu geben. Braunerden sind in West- und Mitteleuropa verbreitet, sie sind aber auch in den Tropen nachgewiesen.

Gelberden sind Böden, welche sich durch helle, gelbe Färbungen auszeichnen. Die Farben sind, da die Böden humusarm sind, rein. Die Gelberden werden aus Südfrankreich, Marocco usw. beschrieben. Bisher haben sie wissenschaftliche Durchforschung nicht erfahren.

Roterden sind Böden, reich an rotem Eisenoxydhydrat. Die Roterden sind humusarm, daher haben sie leuchtende reine Färbungen. Die Roterden sind die herrschenden Bodenformen tropischer und subtropischer Gebiete.

Laterit. An die Roterden schließt sich als tropische Bodenform der Laterit an. Der Name ist willkürlich gewählt und stammt von Buchanan, der damit indische Böden bezeichnete, die ausgestochen und an der Sonne erhärtet von der Bevölkerung als Baumaterial benutzt wurden (later = Ziegelstein).[36])

Aus den Tropen werden noch andere, auffällig gefärbte Böden gemeldet, z. B. aus Brasilien, ihre schärfere Abgrenzung ist zurzeit noch nicht möglich.

Trocken- und Feuchtgebiete (aride und humide Gebiete).

Die Böden der Erde lassen sich in zwei große Abteilungen zusammenfassen, die man nach den vorherrschenden klimatischen Verhältnissen als Trockenböden (aride Böden) und Feuchtböden (humide Böden) bezeichnet. E. Hilgard erkannte zuerst diesen Zusammenhang und begründete die Haupttrennung der Bodenformen in zwei große Gruppen.[37]

Trockenböden sind Böden, denen die löslichen Produkte der Verwitterung überwiegend erhalten bleiben; Sickerwässer werden nur im beschränkten Umfange gebildet. Die Verteilung der löslichen Salze erfolgt vorwiegend unter der Herrschaft aufsteigender Wasserströmungen. Die Trockenböden sind reich an löslichen oder durch Säuren zersetzbaren Bestandteilen, die sich vielfach in bestimmten Bodentiefen in mehr oder weniger der Bodenoberfläche folgenden Streifen kristallinisch ausscheiden (Bodenhorizonte bilden). Die Trockenböden sind ausgezeichnet gekrümelt, trocken von geringem Zusammenhange (bindungslos), so daß sie vielfach feinsandigen Charakter tragen, selbst wenn die einzelnen Körner sich als zusammengesetzt (gekrümelt) erkennen lassen. Vorhandene Sandkörner sind im Trockenboden von den feinkörnigen Bestandteilen wie von einem Mantel umgeben.

Die Feuchtböden sind Böden, in denen die löslichen Produkte der Verwitterung überwiegend ausgewaschen sind, Sickerwässer regelmäßig und in beträchtlicher Menge gebildet werden. Die Feuchtböden stehen unter der Herrschaft der sinkenden Wasserbewegung, welche dazu führt, daß sich die durch Verwitterung gebildete Schichtenfolge (Schichten A, B, C) mehr oder weniger deutlich erkennen läßt. Umlagerungen im Boden, soweit vorhanden, erfolgen durch Transport von oben nach der Tiefe. Die Produkte der chemischen Verwitterung sind vorherrschend wasserhaltige Tonerdesilikate (Tone) und in den Tropen Hydroxyde von Aluminium und Eisen. Die Böden sind bindig (tonig), die Krümelung reicht weniger tief als in ariden Böden und ist auf den von Tieren und Pflanzenwurzeln durchdrungenen Teil des Bodens beschränkt. Die Menge der leicht löslichen Bodenbestandteile ist gering.

Der Unterschied zwischen Trockenböden und Feuchtböden tritt in allen Böden kenntlich hervor. Theoretisch ist anzunehmen, daß es Bodenformen geben muß, welche genau in der Mitte zwischen Trocken- und Feuchtböden stehen; praktisch sind derartige Böden bisher nicht bekannt geworden. Es treten natürlich Übergangsbildungen auf, aber mit Ausnahme weniger Fälle im Braunerdegebiet sind dem Verfasser bisher keine Bodenformen bekannt geworden, bei denen die Einordnung Schwierigkeiten gemacht hat.

Jahreszeitlicher Klimawechsel. Ein beträchtlicher Teil der Erdoberfläche hat im Jahreslauf kein einheitliches, sondern ein Wechselklima, welches sich durch die Gegensätze warm/kalt und trocken/feucht kennzeichnet. Die Böden dieser Länder stehen unter der Einwirkung verschiedenen Luftklimas und verschiedenen Bodenklimas. In Zeitabschnitten mit Temperaturen unter null Grad ruhen die umbildenden Vorgänge im Boden. Für den Zerfall der Gesteine und die physikalischen Eigenschaften der Böden ist der Wechsel zwischen Gefrieren und Auftauen bedeutsam; ist der Boden jedoch erst einmal gefroren, so hört dieser Einfluß auf. Eisböden im Bereiche des „ewigen" Bodeneises sind nahezu unveränderlich. Gleiches gilt für lufttrockene Böden; es ist jedoch nicht bekannt, ob es Gebiete gibt, in denen der Boden längere Zeit im lufttrockenen Zustande verharrt; ihr Vorkommen ist wenig wahrscheinlich, da auch aus ausgesprochenen Wüsten Tauniederschläge gemeldet werden.

Böden in Gebieten mit jahreszeitlichem Wechsel und tiefen Temperaturen (in kalten Gebieten) zeigen die Eigenschaften der Feuchtböden; erst in gemäßigten und warmen Klimaten tritt der Wechsel der Jahreszeiten bei der Bodenbildung hervor.

Von den typischen Böden der Gegenden mit Wechselklima bei scharf ausgeprägter klimatischer Bodenform sind die Schwarzerden der Steppen und Prärien am besten untersucht. Zumeist wird das Klima dieser Gebiete als „semiarid" bezeichnet. Bei den zahlreichen Arbeiten über diese fruchtbaren und daher praktisch wichtigen Bodenformen hat man fast nur den Einfluß des Luftklimas und der Pflanzenwelt Rechnung getragen, fast nie aber das Bodenklima und die Einwirkung der Böden auf die Pflanzenwelt hervorgehoben.

Bereits Kostytschew hat überzeugend nachgewiesen, daß man bei ausschließlicher Betonung des Luftklimas in der Verbreitung der osteuropäischen Schwarzerden vor einem Rätsel steht.[38]

Die Bedingungen der Bildung des Tschernosems sind: hohe Temperaturen und hohes Sättigungsdefizit und damit starke Verdunstung und Austrocknung des Bodens während des Sommers; niedere Temperaturen und langdauernder Bodenfrost im Winter. Die Bodentätigkeit ist also während ganzer Zeitabschnitte im

Jahreslauf stark vermindert oder aufgehoben. Die Sommerzeit hat ausgesprochen arides, die Winterzeit dagegen humides Klima. Während der kalten Jahreszeit sammelt sich Wasser im Boden an und ermöglicht eine üppige Frühjahrsvegetation, die aber bereits Ende Mai bis Mitte Juni nach Erschöpfung der vorhandenen Bodenfeuchtigkeit im wesentlichen beendet ist. Trocknis im Sommer, Frost im Winter verlangsamen den Humusabbau, die starken Wurzelmassen der Steppengräser liefern reichlich organische Stoffe und so bildet sich ein Boden mit hohem Humusgehalt heraus.

Während der sommerlichen starken Verdunstung ist die aufsteigende Wasserbewegung im Boden stark, im Boden scheiden sich Gips und Kalkkarbonat in ausgesprochenen Horizonten ab. Das Ergebnis der bodenbildenden Kräfte ist ein Boden mit ausgesprochen aridem Typus, der Tschernosem. Rechnet man, daß von Oktober bis Mai, also 7 bis 8 Monate, im Gebiet humide Bedingungen herrschen, so sind für die Bodeneigenschaften doch die 4 bis 5 Sommermonate entscheidend.

Halbtrocken (semiarid) bedeutet daher für die Bodenbildung nicht, daß die Summe der Niederschläge etwa in der Mitte zwischen Feucht- und Trockengebieten liegt, sondern daß der Boden einen Teil des Jahres unter humiden, den anderen Teil des Jahres unter ariden Bedingungen steht. Bodeneigenschaften und Bau der Böden lassen die Wirkungen beider Abschnitte erkennen, aber die der Trockenzeit überwiegen beträchtlich.

Weniger unterrichtet sind wir über die Bodenbildungen halbfeuchter Gebiete, d. h. Gegenden mit Wechselklima und Bodenformen, in denen die Eigenschaften der Feuchtböden überwiegen. In beschränktem Sinne würde man viele Braunerden hier einordnen können, das Klima der warmen Jahreszeit ist aber nicht so ausgesprochen arid, sodaß diese Böden ihren Platz bei den Feuchtböden finden können.

Nach den Beschreibungen sind die Böden der afrikanischen Savannen hier einzuordnen. Unter der herrschenden hohen Temperatur verlaufen die bodenbildenden Vorgänge sehr kräftig. Legt man die Untersuchungen der Mkatta-Ebene von P. Vageler zugrunde [39]), so fallen im Verlaufe von zwei Monaten 700 mm Niederschläge und verwandeln den Boden ganzer Länderstrecken in einen nassen Brei. In der langen Trockenzeit wird der Boden von tiefen Spalten durchzogen, Ausscheidungen von Eisenoxydhydrat sind reichlich. Nach den veröffentlichten Analysen tragen diese Böden vorwiegend humiden Charakter. Die kurze Zeit überreicher Niederschläge genügt zur vorherrschenden Auswaschung des Bodens; die sekundäre Umlagerung des Eisens ist eine für Feuchtgebiete typische Erscheinung.

Den semihumiden Böden schließen sich die Randböden der Kalkgebirge an, welche trotz ihres beschränkten Vorkommens doch als klimatische Bodenformen angesprochen werden müssen, jedoch durch das Grundgestein in ihren Eigenschaften beeinflußt werden. Während der Sommerzeit haben diese Böden vorwiegend aride Verhältnisse, sie trocknen stark aus und erreichen hohe Bodentemperaturen. Die Zerklüftung des unterlagernden Kalkes erlaubt dem Sickerwasser raschen Abfluß in die Tiefe, hemmt aber in Trockenzeiten den Aufstieg des Wassers aus tieferen Schichten. Die Böden erhalten hierdurch vorherrschend die Eigenschaften der Feuchtböden, trotzdem sie während der warmen Jahreszeit zeitweise ariden Bedingungen ausgesetzt sind. So bildet eine humusreiche Schwarzerde auf den Jurahöhen Süddeutschlands eine nur örtlich verbreitete, aber sehr charakteristische Bodenform.

Die Ausführungen zeigen, daß der Unterschied zwischen Trocken- und Feuchtböden vorherrschend durch die Wasserbewegung im Boden bewirkt wird. Praktisch wird es kaum Bodenarten geben, in denen nicht zeitweise aufsteigende Wasserbewegung stattfindet, und ebensowenig Bodenarten, in denen nicht zeitweise absinkende Wässer auftreten. Für die Bodeneigenschaften entscheidend wird, welche Wasserbewegung das Übergewicht erhält. Es handelt sich also auch hier um Gleichgewichte, deren Verschiebung zur Ausbildung der einen oder anderen Bodenform führt.

Hieraus wird es auch verständlich, daß sich nicht bestimmte Niederschlagsmengen oder Verdunstungshöhen angeben lassen, bei denen humide oder aride Bodenformen gebildet werden. Die Temperatur beeinflußt die Stärke der Verdunstung im hohen Grade; niedere Temperaturen sind humiden, hohe Temperaturen ariden Bedingungen günstig. Im arktischen und borealen Gebieten genügen geringe Niederschläge bis 400 mm und weniger, um den Böden ausgesprochen humiden Charakter zu geben; die schwache Verdunstung reicht nicht aus, auch nur die geringen Niederschläge aufzubrauchen, Wasser sammelt sich im Boden an. In den Tropen bedarf es dagegen Niederschlagshöhen von 1800 bis 2000 mm und mehr, um humide Verhältnisse zu schaffen. Im Schwarzerdegebiete Osteuropas sind vielfach die Höhen der Niederschläge nicht geringer als in manchen Teilen Mitteleuropas, aber hohes Sättigungsdefizit und hohe Sommertemperaturen führen dazu, daß die Verdunstung soweit gesteigert wird, dem Boden die Eigenschaften der Trockenböden zu erteilen.

Der Unterschied der Bodenformen tritt auch in der durchschnittlichen Zusammensetzung der Trocken- und Feuchtböden hervor. E. Hilgard gibt für die Böden Nordamerikas folgende Mittelzahlen der in Salzsäure löslichen Stoffe[40]:

	Feuchtböden (696 Analysen)	Trockenböden (573 Analysen)
unlöslicher Rückstand	84,17 %	69,16 %
lösliche Kieselsäure .	4,04 „	6,71 „
Kali	0,21 „	0,65 „
Natron	0,14 „	0,36 „
Kalk	0,11 „	1,25 „
Magnesia	0,26 „	0,96 „
Eisenoxyd	3,88 „	5,37 „
Tonerde	3,66 „	6,31 „
Phosphorsäure . . .	0,12 „	0,21 „
Humus	2,91 „	1,13 „
Stickstoff	0,34 „	0,13 „

Die großen Unterschiede im Gehalt der in Salzsäure löslichen Bodenbestandteile zwischen den Trocken- und Feuchtböden treten deutlich hervor; er würde sich noch stärker bemerkbar machen, wenn eine größere Anzahl von Bodenprofilen verglichen werden könnte. Diese Feststellung hat nicht nur Wert für die theoretische Bodenkunde, sondern sie vermittelt auch die Einsicht, wie viel größer der Vorrat an Pflanzennährstoffen ist, den die Böden der Trockengebiete der Vegetation zur Verfügung stellen als die Böden der Feuchtgebiete. Jenen fehlt nur Wasser zur höchsten Fruchtbarkeit, diese bedürfen auch der Düngung.

Verteilung und Grenzen der klimatischen Bodenzonen.

Die Untersuchungen Dokutschajews über die Abgrenzung der russischen Bodenarten zeigten, daß sich die einzelnen Formationen in Streifen von wechselnder Breite in der Richtung Südwest nach Nordost erstrecken. Damit war die Abhängigkeit vom Klima erkannt und ist mit fortschreitender Forschung immer mehr hervorgetreten.[41]

Temperatur, Niederschläge und Verdunstung sind die drei Werte, welche entscheidend für die Bodenbildung sind. Es tritt dies z. B. bei einem Vergleiche zwischen Europa und Nordamerika deutlich hervor. Während in Europa im allgemeinen die Trocknis von Westen nach Osten und von Norden nach Süden fortschreitet, nimmt sie im nordamerikanischen Kontinent von Osten nach Westen zu, so daß die breiten Bodenbänder überwiegend der Nordsüdrichtung folgen.

Auch kleinere Länder mit selbständigen klimatischen Verhältnissen, wie die iberische Halbinsel, lassen klimatische Bodenzonen gut erkennen.[42] Der Kern der Halbinsel wird von grauen Steppenböden eingenommen, die im Westen und Nordosten von Roterden umgeben sind. Im Südosten und Süden nähert sich die Beschaffenheit der Böden den Verhältnissen der Halbwüsten. Die reiche orographische Gliederung Spaniens bringt Unregelmäßigkeiten mit sich, ohne doch das Gesamtbild klimatischer Bodenzonen allzusehr zu stören.

In Europa finden sich an der Nordgrenze arktische Bodenarten (Fließerden, Rautenböden, Torfhügel); an die sich nach Süden stark ausgewaschene Bleicherden anschließen, deren wichtigster Vertreter der zu den Bleicherden zählende Podsol ist (russisch = Aschenboden, nach dem hellgrauen, der Färbung der Holzasche ähnlichen Aussehen der obersten Bodenschicht).

Weiter nach Süden sind in West- und Mitteleuropa die Braunerden vorherrschend, während im Osten die nordischen Bleicherden an Tschernosem angrenzen, dem osteuropäischen Vertreter der Schwarzerden; im Südosten finden sich Salzböden, im Süden kastanienbraune Böden (dem Tschernosem nahe verwandt, aber durch Vorkommen von helleren, braun [nicht schwarz] gefärbten Humusstoffen unterschieden).

Im Süden der Alpen finden sich in Italien zunächst Braunerden, dann Roterden, welche im südlichen Mittelmeergebiet herrschende Bodenarten sind und auf Kalk weit nach Norden gehen.

Schichtenfolge humider und arider Böden.

Die Schichtenfolge der Böden bezeichnet man als Bodenprofil. Die Kenntnis und Untersuchung der einzelnen Bodenschichten ist ein unentbehrliches Hilfsmittel, die Bedingungen der Bodenbildung kennen zu lernen und eingetretene Umlagerungen zu verfolgen.

Der Verlauf der Bildung eines „Normalbodens" kann aus den Vorgängen der Verwitterung abgeleitet werden.

Die Verwitterung beginnt an der Oberfläche des Bodens, welche den stärksten Schwankungen der Temperatur und den fortgesetzten Angriffen der Niederschläge ausgesetzt ist. Die oberste Bodenschicht ist daher am vollständigsten verwittert, d. h. durch physikalische und chemische Wirkungen zerkleinert und zersetzt. Die oberste Bodenschicht ist vielfach von Pflanzenwurzeln durchzogen und der hauptsächliche Schauplatz des organisierten Lebens im Boden, ihr Gehalt an humosen Stoffen ist in der Regel höher als in tieferen Lagen.

Die Verwitterung ist zwar in allen Bodenschichten tätig, aber es leuchtet ein, daß die zunächst angegriffene Oberschicht bereits weitgehend zersetzt sein kann, während die nach unten folgende Schicht noch reichlich zersetzbare Bestandteile enthält. Der Boden wird dadurch in eine obere, stark verwitterte Lage und eine untere Lage geteilt, in der die Verwitterung noch im vollen Fortschreiten ist und die man als „Verwitterungshorizont" des Bodens bezeichnen kann. Die Wirkung der verwitternden Vorgänge nimmt nach der Tiefe ab, so daß nicht oder nur wenig verändertes Grundgestein den Boden unterlagert.

Für den „Normalboden" ergibt sich demnach eine Dreiteilung, die man passend durch die Bezeichnung Oberboden, Unterboden, Untergrund zum Ausdruck bringt. In neuerer Zeit werden nach russischem Beispiel die Bezeichnungen A-, B-, C-Horizont vielfach angewendet. Lassen sich in den drei Bodenschichten noch Unterabteilungen machen, so spricht man dann von A_1, A_2; B_1, B_2, B_3 usw.

Die einzelnen Schichten unterscheiden sich chemisch und physikalisch voneinander.

A. Oberboden ist mehr oder weniger vollständig verwittert, reich an löslichen und durch mäßig starke Säuren zersetzbaren

4*

Bestandteilen, arm an noch verwitterbaren Teilen; reich an humosen Stoffen und an feinerdigen Bestandteilen.

B. Unterboden hat mittleren Gehalt an löslichen und zersetzbaren Bestandteilen sowie mittleren Gehalt an noch verwitterbaren Stoffen. Der Gehalt an humosen Teilen ist geringer als im Oberboden, das gleiche gilt von den feinerdigen Teilen im Verhältnis zu den gröberen Teilen (Feinerde zum Bodenskelett).

C. Der Untergrund besteht aus dem wenig veränderten Grundgestein, welches, wenn Felsmassen anstehen, zumeist in ein Haufwerk von Bruchstücken zerfallen ist. Die chemische Veränderung ist gering, der Gehalt an durch Verwitterung gebildeten löslichen und zersetzbaren Bestandteilen unterscheidet sich, auch wenn die Zertrümmerung bereits fortgeschritten ist, nur wenig vom unveränderten Grundgestein.

Die Teilung der Böden in diese drei Schichten läßt sich am übersichtlichsten bei Böden verfolgen, die geringen Gehalt an Nichtquarz haben; sie wurde wohl vom Verf. an Sandböden zuerst scharf unterschieden*).[43]

Die Böden erleiden neben der gleichmäßig fortschreitenden Verwitterung vielfach Veränderungen, die im Boden selbst verlaufen, Bestandteile können gelöst und weggeführt oder von außen zugeführt werden, so daß die dem Verwitterungsverlauf entsprechende Bodenschichtung zwar nicht vernichtet, aber doch mehr oder weniger undeutlich wird. Alle Umbildungen im Boden

---

*) Die russischen Bodenforscher brauchen diese Bezeichnungen in etwas abweichendem Sinne. A ist ihnen der „Eluvialhorizont“, ihm sind durch Auswaschung Stoffe entzogen; B der „Illuvialhorizont“, diese Bodenschicht ist durch Zufuhr von außen angereichert; C bedeutet das Muttergestein. Die russischen Bezeichnungen der verschiedenen Bodenschichten mit A, B, C ist zweckmäßig und deshalb beizubehalten; dagegen ist die Annahme der Eluvial- und Illuvialschicht auf viele Böden nur mit Willkür zu übertragen. Die Anschauungen sind aus der Untersuchung von Podsolböden hervorgegangen; hier ist die Oberschicht stark ausgewaschen, die Mittelschicht durch Zufuhr von oben angereichert. In ariden Gebieten ist die Oberschicht vielfach durch Zufuhr aus der Tiefe angereichert; bei zahlreichen anderen Böden empfängt die Mittelschicht überhaupt keine Anreicherung. Hält man dagegen an der Dreiteilung des Bodenprofiles im Sinne des Verf. fest, so tritt ihr Zusammenhang mit den bodenbildenden Vorgängen sofort hervor. Sekundäre Umbildungen können im engen Anschluß an das „normale“ Bodenprofil erfolgen, wie dies bei der Ortstein-Abscheidung der Fall ist, sie können aber auch mit dem Bodenbau nur im losen Zusammenhange stehen oder ganz ohne Zusammenhang sein, wie dies z. B. bei der Erreichung der Kristallationskonzentration aufsteigender Gewässer der Fall ist.

werden durch Wasser bewirkt; sie werden aber vielfach durch die Pflanzen- und Tierwelt veranlaßt oder doch beeinflußt.

Die wichtigsten dieser Vorgänge sind:

1. **Mechanische Umlagerungen durch Sinkwässer.** Feinkörnige Bodenteile werden aus höher liegenden in tiefere Bodenschichten geführt und kommen hier zur Ablagerung. In pflanzenbestandenen Böden mit ausreichendem Gehalt an Elektrolyten erfolgen Durchschlämmungen wohl nur unter Mithilfe der Tiere und Pflanzen. Die Erdhöhlen bodenlebender Tiere, Röhren der Regenwürmer, verrottende Wurzeln ermöglichen Einschwemmung feinerdiger Teile aus oberen Bodenschichten. Ist das im Boden umlaufende Wasser sehr salzarm, so daß ausflockende Wirkungen der Elektrolyte zurücktreten, so erfolgen Umlagerungen leicht. Bei der Bildung der diluvialen, durch Eis verfrachteten Ablagerungen hat die Auswaschung und Umlagerung feinkörniger Teile wahrscheinlich großen Umfang erreicht.[44])

2. In allen Feuchtgebieten erfolgt Auswaschung des Bodens und Abfuhr von löslichen Stoffen mit den Sickerwässern. In Gebieten mit Klimawechsel, z. B. in den Steppen-Schwarzerden überwiegt die Auswaschung in der kalten und feuchten Jahreszeit; die Feuchtigkeit dringt nur bis zu einer gewissen Tiefe des Bodens ein und steigt während der verdunstungsreichen Zeit wieder bis in die oberen Bodenschichten.

3. Unter der Einwirkung salzarmer Wässer quellen Humusstoffe auf, bilden kolloide Lösungen, unter deren Einfluß Eisenoxyd, Tonerde, Ton beweglich werden und umgelagert werden können. Die kolloid gelösten Stoffe kommen in Bodenschichten zur Abscheidung, welche reichlich ausfällende Bestandteile enthalten, also in der Regel im Unterboden.

4. Natriumkarbonat bringt Humusstoffe, Eisenoxydhydrat usw. in kolloide Lösung. Das saure Natriumkarbonat hat diese Wirkung nicht. In tieferen Bodenschichten mit reichlichem Gehalt an Kohlendioxyd erfolgt unter Bildung von Hydrokarbonaten die Ausfällung der durch Soda beweglich gewordenen Stoffe.

5. Mit aufsteigendem Wasser aus den Tiefen der Böden nach Richtung der Oberfläche geführte lösliche und zersetzbare Stoffe scheiden sich in den oberen Bodenschichten ab und bilden „Horizonte" im Boden, von denen die des Kalkkarbonates und des Eisenoxydhydrates am wichtigsten und weit verbreitet sind.

Die Umlagerungen und Ausscheidungen in Böden sind für zahlreiche Vorgänge der Bodenbildung wichtig und für viele Bodenformen bezeichnend; sie sind Grundlagen für Einteilung und Unterscheidung der Bodenformen.

Bodenzonen und Bodenregionen.

Es ist gebräuchlich, die Verteilung der klimatischen Werte nach der geographischen Breite und Länge als Zonen, ihre Verbreitung nach der Höhenlage als Regionen zu bezeichnen.

Die Abhängigkeit der Bodenbildung vom Klima tritt auch in der Verteilung der Bodenformen nach der Höhenlage hervor. Es sind ähnliche, nicht gleiche Verhältnisse, welche die Verwandtschaft der Bodenformen in Zonen und Regionen bedingen. Die Verschiedenheit der Böden nach Regionen ist in den kalten Zonen gering und wird um so stärker, je mehr man sich dem Äquator nähert. Der wichtigste Unterschied des Klimas liegt im Sonnenstande, der verschiedenen Erwärmung des Bodens und der damit eng verknüpften Verdunstung.

Ein arktischer Boden ist den wenig wärmenden Strahlen der tiefstehenden Sonne für längere Zeit fortdauernd ausgesetzt. Der Boden einer Hochlage in niederen Breiten erhält die Bestrahlung der hochstehenden Sonne im regelmäßigen Wechsel von Tag und Nacht. Zeiten kräftiger Bestrahlung wechseln hier regelmäßig mit Zeiten starker Ausstrahlung. Die polaren Lagen haben lange Zeiten mit gleichbleibenden Verhältnissen; die Höhenlagen der Tropen starken Wechsel in kurzen Zeitabschnitten.

Über den Einfluß der Höhenlage auf die Bodenbildung ist man bisher auffallend wenig unterrichtet. In Hochlagen wirkt Spaltenfrost stark ein. Bruchstücke aller Größen werden von den Felsmassen abgesprengt; Blockhalden und Gesteinsgruß machen einen wesentlichen Teil der Böden aus; die chemische Verwitterung scheint im allgemeinen nur langsam fortzuschreiten. Humus und Humusablagerungen sind in den Höhenböden reichlich vertreten; in vielen Fällen ist die Hauptmasse des Bodens ein Gemisch von feinem Gesteinsgruß und Moder oder Torfschichten überziehen die Felsen. An Berghängen machen sich Abrutschungen und Gekriech geltend und hemmen die Herausbildung ausgesprochener Bodenprofile. Der Einfluß des Grundgesteins tritt zumal auf Kalkgesteinen hervor.

Wie bereits bemerkt, sind die Bildungsbedingungen und Eigenschaften der regional klimatischen Bodenformen bisher wenig berücksichtigt und noch kaum untersucht worden. Der klimatische Charakter der Bodenbildung zeigt sich namentlich auf Hochebenen, auf breiten Gebirgsrücken, läßt sich aber überall erkennen, wenn die Ablagerungen ortsstet sind. Gebirge, deren Ketten sich senkrecht zur herrschenden Windrichtung erstrecken, sind vielfach Scheiden verschiedener Bodenformationen.

Die Bodenverteilung im Kaukasus gab Dokutschajew zuerst Gelegenheit, regionale Beziehungen festzustellen.[45] In Mitteleuropa finden sich in Mittel- und Hochgebirgen eigenartige Bodenformen oft auf kleiner Fläche. Die durch Vogel von Falckenstein untersuchten Molkenböden[46] erinnern in manchen Eigenschaften an arktische Böden. Podsol findet sich auf dem mittleren Buntsandstein des Schwarzwaldes und des Wasgenwaldes wie auf den Quadersandsteinböden Oberschlesiens. Im Gotthardgebiete treten eigenartige Bleicherden mit Ortsteinausscheidungen auf; verwandte Bildungen finden sich auf den Moränen der Tatra. Die höchsten Spitzen des Thüringer Waldes, Harzes, der Kamm des Riesengebirges, bayerischen Waldes usw. führen den nordischen Bleicherden verwandte Böden, örtlich auch wohl Formen, welche dem Podsol zuzurechnen sind.

Die oft nur auf kleiner und kleinster Fläche vorkommenden Böden der Gebirgshochlagen haben praktisch geringe Bedeutung, sie sind aber geeignet, die klimatischen Grundlagen der Bodenbildung hervortreten zu lassen und die engen Beziehungen zu erkennen, welche zwischen Bodenzonen und Bodenregionen bestehen.

Die allmähliche Änderung des Klimas in Europa von West nach Ost und Nord nach Süd läßt Übergänge zwischen den einzelnen Böden erwarten, die sich durch örtliches Übergreifen der einen Formation in die andere auch vielfach zeigen. So kommen kleinere oder größere Tschernosemflecke nördlich bis Ostpreußen und etwas südlicher bis westlich der Elbe (Magdeburger Börde) vor. Braunerden treten vielfach in Bleicherdengebieten auf usw.

Zu großen zusammenhängenden Gebieten fanden sich die Bodenarten erst dann vereinigt, wenn die klimatischen Verhältnisse der Bildung einer bestimmten Bodenform entsprechen. Dann treten unter Umständen die örtlichen Einflüsse zurück und eine einheitliche Bodenform überdeckt die verschiedensten Gesteine, wie dies im Norden bei Podsol, im Osten beim Tschernosem der Fall ist, der nur wenig in seinen Eigenschaften verschieden auf Gneiß, Ton, Löß, Kalk usw. vorkommt. Es entspricht dies der Regel, daß die klimatische Bodenform um so allgemeiner herrschend wird, je extremer das Klima ist, dagegen in Übergangsgebieten die örtlichen Bedingungen der Bodenbildung stärkere Bedeutung erlangen.

Auffällig ist, daß auch in Grenzgebieten Übergänge zwischen den einzelnen Bodenarten fehlen. Die Bodentypen grenzen sich gegeneinander fast stets scharf ab, oft sind die Grenzen sogar überraschend scharf. Die Ausbildung einer Bodenform kann innerhalb gewisser Grenzen schwanken, die bezeichnenden Eigenschaften können mehr oder weniger deutlich hervortreten, aber wirkliche Übergänge scheinen selten zu sein. Selbst bei Bodenarten, die sich in mancher Beziehung nahe stehen, wie z. B. Braunerden und Schwarzerden sucht man vergeblich nach Grenzformen, bei denen man zweifelhaft sein könnte, ob sie zu dem einen oder anderen Bodentypus gehören. Es ist damit nicht gesagt, daß nicht oft Schwierigkeit bestehen kann, Böden richtig einzuordnen, so ist z. B. die Trennung der verschiedenen Formen der Bleicherden im Diluvialgebiet Norddeutschlands noch kaum in Angriff genommen, aber sie wird durchführbar sein, wenn man erst die unterscheidenden Eigenschaften richtig deuten gelernt hat.

V. Die klimatischen Bodenzonen.

Bei Untersuchungen über Aufstellung und Abgrenzung der klimatischen Bodengebiete ist zunächst auf die Mangelhaftigkeit des vorliegenden Materials hinzuweisen. Erst seit verhältnismäßig kurzer Zeit erkannt, kommen zu den inneren Schwierigkeiten, welche der Betrachtung der Böden als klimatisch bedingte Ablagerungen entgegenstehen, noch äußere hinzu. Es ist nicht leicht z. B. auf einer Reise Einblick in die Böden eines Gebietes zu erlangen; hierzu bedarf es zahlreicher Aufschlüsse von oft erheblicher Tiefe; geologischer Vorarbeiten und richtiger Beurteilung der örtlichen Einflüsse — alles Dinge, die nicht nur Zeit brauchen, sondern auch Arbeitskräfte und Unterstützung ortskundiger Leute. Es ist daher verständlich, daß der Fortschritt nur langsam ist.

Böden kalter Zonen.

Die Böden kalter Zonen sind Feuchtböden. Niedere Temperatur, geringe Verdunstung und langdauernder Bodenfrost veranlassen, daß schon Niederschläge von 200 bis 400 mm ausreichen, dem Boden humiden Charakter zu geben. Die chemische Verwitterung ist gering, die Wässer sind arm an gelösten Salzen; die Ortsstetigkeit der Böden ist gering, vielfach sind Fließerden verbreitet.

Unterschiedene Bodenformen sind:[47]

Rautenböden (A. E. Nordenskjöld). Die Böden haben Einzelkornlagerung. Die Böden sind nach der Schneeschmelze wasserreich, trocknen langsam und zerklüften dabei in Polygone von sehr verschiedenem, oft beträchtlichem Durchmesser. Der Abfluß des Wassers folgt den Bodenrissen, das Wasser führt die feinkörnigen Teile fort, so daß sandreiche Streifen die einzelnen Rauten trennen. Steine werden in breiten Polygonen seitlich bis zum Rande verschoben, so daß vielfach Steinringe feinkörnigere Bodenflächen umgeben und trennen. Die Rautenböden sind eine hochnordische Bodenform.

Hügeltundra. Die waldlosen Böden der Nordgrenze Europas werden als Tundra (Tundra ist waldlos im Gegensatz zum bewaldeten Boden, daher Felstundra, Torftundra usw.) bezeichnet. Erhebliche Teile der Tundra tragen schwache Erdhügel, deren Entstehung Ssuskatschew auf Frostwirkungen zurückführt.[48] Die Tiefe des Bodens hat Bodeneis; bei Einsetzen erneuten Frostes gefriert die obere Bodenschicht; der zwischen zwei gefrorenen Schichten eingepreßte Boden wölbt sich durch die inneren Spannungen hoch und durch Aufreißen der Oberschicht werden Erdmassen herausgepreßt*).

Torfbildungen sind im Norden überall verbreitet. Die Bildung organischer Substanz durch die Pflanzen ist im Gebiete gering; der Abbau der abgestorbenen Pflanzenteile verläuft aber so langsam, daß auch der an sich geringe Aufbau an Pflanzenstoffen doch noch den Abbau übertrifft. Eine besondere Form

---

*) Es ist nicht ausgeschlossen, daß die in den Gebirgen, z. B. in den bayrischen Alpen oft massenhaft auftretenden niederen Bodenhügel durch ähnliche Wirkungen entstehen.

der nordischen Torfablagerungen ist die Torfhügel-Tundra. Der Wuchs der torfbildenden Moose ist vielfach bültig, sie entwickeln sich am kräftigsten, wenn ihnen Reiser wie Betula nana, Empetrum, Schutz gewähren. Es bilden sich Torfbülten. Hat die Torfschicht eine Höhe von etwa 40 bis 70 cm erreicht, so verhindert sie raschen Temperaturausgleich, so daß der Kern des Torfhügels dauernd Eis führt. Hierdurch wird die Wasserzufuhr unterbrochen, die Moose der Oberfläche sterben ab oder werden von Flechten überwachsen, nur an den Hängen der Hügel bleiben Reiser und Moose dauernd wuchskräftig. Die Vertiefungen zwischen den Torfhügeln dienen dem Wasserabfluß. Es entstehen so mäandrisch gewundene Reihen von Torfhügeln und Torfrücken, welche der Torfhügeltundra ihr bezeichnendes Aussehen geben.[49] In vielen Fällen scheinen Auspressungen von Mineralböden den ersten Anlaß zum gesteigerten Wachstum torfbildender Pflanzen zu geben.

Spaltenfrostböden. In den nordischen Gebirgen finden sich häufig aus Bruchstücken aller Größen zusammengesetzte Böden, die dem Spaltenfrost ihre Entstehung verdanken. Der Gehalt des Bodens an Feinerde ist meist gering. Die Spaltenfrostböden sind hauptsächlich Bodenformen der Gebirge und Höhenlagen.

Böden kalter Regionen. Den Spaltenfrostböden reihen sich die Bodenformen der kalten Hochlagen zwanglos an. Man kann unterscheiden:

Spaltenfrost-Grußböden. Gesteinsbruchstücke aller Größen, ohne nennenswerte Bindigkeit; sie finden sich meist als Wanderböden an Berglehnen und Gehängen. Die Böden sind pflanzenarm und deshalb auch arm an Humus, trotzdem treten zwischen den Gesteinbruchstücken nicht selten Torfablagerungen vom Charakter des Waldtorfes auf.

Die Grußböden sind auf Kalkgebirgen typisch ausgebildet und gehen bei fortgesetzter Gesteinszufuhr auch in wärmere Lagen hinab, wo sie oft Schutthalden und Schuttkegel bilden.

Bergwiesenböden (Bogoslowski).[50] Die Böden sind ein Gemisch humoser Teile mit meist ausgebleichten Gesteinssplittern, sie enthalten aber auch durch Wind zugeführtes feinstaubiges Material in wechselnder, auch wohl vorherrschender (Karpathen)

Menge. Auf ebenen oder wenig geneigten Lagen kommt es zur Ausbildung eines Profiles; unter wenig mächtigem, ausgebleichtem humosen Boden findet sich eine locker gelagerte Schicht von Ortstein (so im Gotthardgebiet, Furka). Die Bergwiesenböden auf kalkarmen Gesteinen sind eine Form der Bleicherden, denen sie sich nach Entstehung und Eigenschaften anschließen.

Bergtorfböden. Bei geeigneter Ausformung des Geländes sind im Hochgebirge Torfablagerungen häufig, die überwiegend von Carexarten und Laubmoosen gebildet werden: Sphagneen nehmen nicht oder nur selten an den Torfbildungen Anteil.

Auf Kalkgesteinen haben die Böden abweichende Beschaffenheit, auch hier kann man zwischen Wiesen- und Torfböden unterscheiden. Die Wiesenböden sind zumeist ein tief dunkeles, fast schwarzes, humusreiches Gemisch, reich an anorganischen Bestandteilen, von neutraler Reaktion und nicht aufquellbar mit verdünnter Ammonlösung.

Die Humusböden der Kalkberge der Alpen sind von Ebermayr als Alpenhumus unterschieden worden.[51]) Es sind tiefschwarze, meist als Moder, seltener als Torf ausgebildete humose Schichten von lockerer Lagerung und neutraler Reaktion. Erreichen die Schichten des Alpenhumus größere Mächtigkeit, so zeigt er saure Reaktion und seine Beschaffenheit wird den übrigen Torfböden ähnlich.

Aride Bodenformen unter kaltem Klima finden sich im Innern von Spitzbergen und Grönland; es ist anzunehmen, daß die Böden der Hochebenen Innerasiens hierher gehören.

Eisböden. Einfluß auf die Bodenbeschaffenheit übt es, wenn in wechselnder Tiefe des Bodens dauernd Eis vorhanden ist. In arktischen Gebieten findet es sich vielfach; als Regel kann hier gelten, daß fließendes Wasser die Erhaltung des Eises erschwert, Torfschichten sie befördere. Außerhalb der arktischen Gegenden tritt Dauereis in Hochmooren auf (so in Finnland); es hat in einzelnen Teilen Sibiriens weite Verbreitung. Der Einfluß des ewigen Bodeneises verhindert nicht, daß sich die höheren Bodenschichten beträchtlich erwärmen (z. B. nach Prassolow am 30. Juni 1911 unter Wald in 40 bis 50 cm Tiefe 11,5°; in 100 bis 120 cm = 6,5°; im 2 m = 0,5°; am 21. Juli unter Getreide in 20 cm Tiefe = 14°; in 40 bis 50 cm = 12°; in 2 m

= 0,5⁰). Die Schichtung der Böden mit Dauereis ist scharf ausgebildet, oberhalb der Eisschicht findet sich Anreicherung an humosen Stoffen.*)

Die Böden der kühlen gemäßigten Zonen und Regionen.

Die kühlen gemäßigten Zonen teilen sich in bezug auf Bodenbildung in zwei große Gruppen, die man als Gebiete der nordischen Bleicherden und der Braunerdeu bezeichnen kann. Im Bleicherdengebiete treten aus denselben Gründen, welche in den kalten Zonen aride Bodenformen meist fernhalten, also niedere Temperatur, lange Frostdauer und geringe Verdunstung, die Trockenböden ganz zurück. Dagegen macht sich hier eine Erscheinung geltend, die bisher kaum beachtet worden ist: starkes Vorherrschen eines klimatischen Wertes kann die Bedeutung eines zweiten zurückdrängen, also innerhalb gewisser Grenzen findet ein Vikariieren statt.

Die Böden im westlichen Europa sind bei hohen Wintertemperaturen, reichlichen Niederschlägen und geringer Verdunstung den Böden der östlicheren Gebiete mit niederer Wintertemperatur, geringer Verdunstung und mittlerer Sommertemperatur auffallend ähnlich, so daß sie, wenn überhaupt abzutrennen, doch nur als Unterabteilungen betrachtet werden können.

Der Einfluß des Grundgesteines tritt nach zwei Richtungen hervor, in bezug auf Reichtum oder Armut an Kalk und in bezug auf die Korngrößen des Bodens. Als Regel kann dabei gelten, daß auf Kalkgestein die südlicheren Bodenformen am weitesten nach Norden vordringen, und daß auf Sandböden die nordischen Bodenformen am weitesten nach Süden reichen. Die Ursachen dieses Verhaltens sind sehr verschieden.

. Die nordischen Grauerden erhalten ihre bezeichnenden Eigenschaften durch die Einwirkung kolloidgelöster Humusstoffe; auf kalkreichen Böden verhindert der Gehalt an Kalk die Bildung saurer Humuskörper. Sauerböden sind in der Regel reich an Kieselsäure, besonders an Quarz; die geringe Wasserfassung der Sandböden läßt bereits mäßige Niederschläge tief in den Boden

---

*) L. J. Prassolow. Russische Zeitschrift „Bodenkunde", 13, S. 45 (1911) beschreibt die Eisböden zwischen 113⁰ 15 m und 119⁰ 2 m und 49⁰ 30 m und 50⁰ 40 m nördlicher Breite, in einer Höhenlage von 620 bis 1250 m. Eisböden treten unter den verschiedensten Böden, Geländeausformungen und Pflanzendecken auf.

eindringen (10 mm Niederschlag sättigen einen mittleren Sandboden 20 bis 25 cm tief mit Wasser, einen mittleren Lehmboden
nur 4 bis 5 cm tief) und die weiten Zwischenräume des Sand-
bodens gestatten rasches Absinken des Wassers bis zum Grundwasser. Die Menge der durch Verwitterung frei werdenden Stoffe
ist in quarzreichen Gegenden viel geringer als in quarzarmen
Böden; die Verluste durch Auswaschung sind daher nicht nur an
sich hoch, sondern auch im Vergleich zu den überhaupt vorhandenen Stoffen. Als Beispiel des Vordringens der nordischen Grauerden nach Süden können die Heiden zwischen Adour und Ga-
ronne dienen, deren Flugsand zum Teil Podsolprofil hat.

Die klimatischen Verhältnisse der kühlen gemäßigten Zonen
veranlassen, daß die Wasserführung der Böden beträchtlich, der
Grundwasserstand hoch und der Bodenoberfläche meist nahe ist,
sie sogar nicht selten erreicht. Die Böden erhalten daher vielfach
aus dem Grundwasser Zufuhr von gelösten zersetzbaren Bestandteilen, besonders sind Ausscheidungen von Eisenhydroxyden häufig.

In den kalten Gebieten der gemäßigten Zonen sind ausgedehnte Vernässungen und Versumpfungen früher trockener Lagen
häufig, in der Regel finden sie ihren Abschluß in einer Hochmoorbildung. Der Vorgang der Versumpfung ist noch nicht hin-
reichend bekannt;[52]) in den meisten Fällen scheinen Waldsphagneen
sich anzusiedeln; unter ihrem Einfluß vernässen Boden und die
benachbarten Flächen unter Ansteigen des Grundwassers. Schweden,
Finnland und namentlich Nordrußland leiden stark unter fortschreitender Versumpfung der Waldungen. Es sprechen eine Reihe
von Gründen dafür, daß früher die Vernässung der Waldungen
auch einzelne Teile Mitteleuropas getroffen hat, aber unter dem
Einfluß der menschlichen Kultur, Entwässerungen u. dergl., zurück-
gedrängt worden ist. In den Hochlagen deutscher Mittelgebirge
findet sich vielfach Hochmoor auf ursprünglichen Waldböden, so
im Harz, Thüringer Wald, Schwarzwald, bayerischen Wald usw.
Zahlreiche große Hochmoore Hollands, Nordwestdeutschlands und
der östlichen baltischen Länder stehen in engen Beziehungen zu
versumpften Waldungen, ohne daß es möglich ist, ihre Entstehung
immer auf das Vorrücken bereits vorhandener Moore zurückzuführen. Auf vorgebildetem Humusboden (Torf) gehen die Hochmoore weit nach Süden, in Rußland bis Moskau und Kijew, in
Mitteleuropa bis in die Alpen. Die Hochmoorbildung auf Mineralböden

zeigt dagegen eine gut erkennbare Grenze, welche durch Holland, Nordwestdeutschland führt, von der Ostseeküste einen schmalen Streifen von Mecklenburg, Pommern abschneidet und sich von der Provinz Preußen an stark verbreitert und einen beträchtlichen Teil des nördlichen Rußland umfaßt. Skandinavien gehört zum erheblichen Teil in den Bezirk dieser regionalen Hochmoorbildung.

Die nordischen Grauerden zerfallen in eine Anzahl Unterabteilungen, deren Abgrenzung nur ungenügend bekannt ist. Die Verbreitung des typischen Podsol fällt etwa mit der regionalen Verbreitung der Hochmoore zusammen. Man kann folgende Unterabteilungen machen.

1. **Die nordische Form.** Es sind an Humus überreiche Böden, die fortgesetzt der Auswaschung durch elektrolytarme Wässer unterliegen, so daß alle beweglichen feinerdigen Bestandteile weggeführt werden und zuletzt nur ein Gemisch von Humus und Sand, zumeist Quarzsand übrigbleibt. Ortsteinablagerungen sind sparsam, zumeist werden alle bewegbaren Teile auch tatsächlich abgeführt. Diese Böden schieben sich südlich der Waldgrenze zwischen die arktischen Böden und den echten Podsol ein. Die Bodenform ist im nördlichen Skandinavien verbreitet.

2. **Podsol.***)

Podsol ist durch die scharfe Dreiteilung des Bodenprofiles gekennzeichnet.

Der Oberboden (Horizont A) ist stark verwittert und unter Einwirkung aufgequollener Humusstoffe enteisenet. Die Färbung ist weißlich grau, seltener mit schwach rötlichem Farbenton. Der obere Teil der Schicht (A_1) ist in der Regel humusreicher als der untere Teil (A_2). Der Humus hat den Charakter des Moders.

---

*) Die russischen Bodenforscher brauchen die Bezeichnung Podsol in weiterem Sinne, als es hier geschieht und verstehen darunter alle Böden, welche einen „scharf und vollkommen entwickelten weißlichen Horizont A_2 besitzen" (K. Glinka, Bodentypen, S. 69). Ist diese Schicht nicht gut ausgebildet und enthält der Boden nur weißliche Flecke und Adern, so wird er als „podsolig" bezeichnet, fehlt A_2 ganz, so daß nur schwache Andeutungen der Ausbleichung vorliegen, so nennt man ihn „schwach podsolig". Für die Vorgänge der Ausbleichung des Bodens werden Bezeichnungen wie Podsolierung, Podsolbildung u. dergl. gebraucht.

Vom Verfasser werden als Podsol nur die Böden betrachtet, welche ausgebleichten Oberboden und einen nicht nur an anorganischen Bestandteilen angereicherten Unterboden haben, sondern dessen Verwitterungszone ausgefällte Humusstoffe in größerer Menge erhält.

Der Oberboden setzt in scharfer Linie (also ohne Übergänge) vom Unterboden ab.

Der Unterboden (B) ist durch Humus braun bis schwarzbraun gefärbt; glüht man den Boden schwach, so färbt er sich durch Verkohlen organischer Bestandteile zunächst dunkel und hinterläßt bei längerem Erhitzen die durch Eisenoxyd rötlich gefärbten Mineralteile des Bodens. Der Humus ist in dem Boden gleichmäßig verteilt und überzieht vorhandene Sandkörnchen oft gleichmäßig nach Art eines Lackes. Der Humus hat also die Eigenschaften der chemischen Ausfällungen; er ist in verdünnter Ammonlösung mit brauner bis schwarzer Färbung aufquellbar bzw. löslich. Die Reaktion des Bodens ist, wie in allen Podsolschichten, deutlich sauer.

Die obere Schicht des Unterbodens ist im typischen Podsol als Ortstein entwickelt, der oft auch tiefer in den Boden hineinreicht. Der Unterboden unterscheidet sich chemisch von den überlagernden und unterlagernden Schichten durch den Charakter der humosen Stoffe und durch höheren Gehalt an in Säuren löslichen anorganischen Bestandteilen, zumal Eisenoxyd und Tonerde.

Der Ortstein ist eine durch humose Stoffe verkittete Bodensohle und, da die Podsolböden vorwiegend Sandböden sind, ein Humussandstein. Weiche, leicht zerreibliche Ortsteinvorkommen bezeichnet man als Orterde. In nicht quarzreichen Böden bildet der Ortstein häufig eine geschlossene, auch nach der Tiefe gut abgegrenzte Schicht; in Quarzsanden dringt er auch in den Boden ein und verfestigt oft ganze Sandschichten, die in der Tiefe in den normalen Untergrund (C) übergehen. Podsol ist überwiegend Sandboden; auf Lehm, Löß, Ton tritt Podsol sparsam und nur in stark ausgeprägtem humiden Klima auf.

Podsolböden und Ortsteinbildung sind die am gründlichsten durchgearbeiteten Böden und Bodenumbildungen; wenn trotz zahlreicher Arbeiten noch Fragen der Lösung bedürfen, so zeigt dies, welche Schwierigkeiten der Aufklärung der Bodenbildungen entgegenstehen. Festgestellt ist folgendes:

Podsol und Ortstein stehen in enger Verbindung mit der Bildung von ungünstigen Humusformen, zumal mit den auf dem Mineralboden auflagernden schneidbaren Humusformen (Trockentorf). Der Oberboden ist durch Auswaschung an säurelöslichen

Mineralteilen weitgehend erschöpft. Im Boden sind sauer reagierende Humusstoffe vorhanden, die mit Wasser kolloide Lösungen geben. Im Unterboden, also der an angreifbaren Silikaten reichen Zone des Bodens, werden fortgesetzt reaktionsfähige Verbindungen frei, es erfolgt Ausfällung der durch Sickerwässer zugeführten Humusstoffe; zugleich kommen Eisen und Aluminium zur Abscheidung. Die Abscheidungen umhüllen und verkitten die Mineralteile des Unterbodens.

Bezeichnend für Podsolböden sind der stark verwitterte, durch Auswaschung erschöpfte Oberboden, die Anreicherung des Unterbodens durch von oben zugeführte Stoffe und die Beschaffenheit der Humussubstanzen. In nicht gerade häufigen Fällen kann auflagernder Torf die Schicht A vertreten und können Humusausscheidungen unmittelbar an der oberen Grenze des Mineralbodens auftreten. Immer bedarf es aber für die Podsolbildung einer oberen Bodenschicht, der die löslichen und beweglichen Bestandteile entstammen, welche dem Anreicherungshorizont B zugeführt wurden.

Podsol ist die herrschende Bodenform der kühlen, verdunstungsarmen Gebiete mit zur Auswaschung des Bodens ausreichenden Niederschlägen. Podsolbildung und regionale, d. h. auf Mineralboden auftretende Bildung von Hochmooren, zeigen etwa gleiches Verbreitungsgebiet. Beide sind im Norden und Nordwesten Europas häufig, dringen auf Sandboden auch in wärmere Gegenden vor. In den Hochlagen der europäischen Mittelgebirge findet sich Podsol häufig. Die herrschende Pflanzenformation der Podsolböden sind die nordischen Nadelhölzer.

3. Bleicherde-Waldböden (graue Waldböden der russischen Bodenforscher).

Im südlichen Teile des Vorkommens nordischer Bleicherden finden sich Böden, die unter ähnlicher Verwitterung stehen, wie sie zur Bildung der ausgesprochenen Podsols führt, aber in abgeschwächtem Grade wirken, so daß die grauen Waldböden mit Recht als selbständige Bodenform abgetrennt worden sind. (Dokutschajew (1883); vorzüglich beschrieben von P. E. Müller (1883).[53]

Das Bodenprofil ist in Sandböden sehr charakteristisch ausgebildet. Der Oberboden (A) ist gekrümelt (bei Podsol dicht gelagert); je nach dem Humusgehalt ist die Färbung hell- oder dunkelgrau. Oberboden und Unterboden (B) schneiden nicht scharf voneinander ab, sondern zeigen Übergänge oder die Grenze ist nur bei genauer Beobachtung festzustellen. Die Bodenfauna, der im Podsolboden die großen Wurmformen fast ganz fehlen, ist ziemlich zahlreich; Bakterien sind reich vertreten. Der Oberboden (A) ist enteisenet, aber nicht arm an säurelöslichen Bestandteilen. Die Böden haben schwach saure Reaktion; mit verdünnter Ammonlösung behandelt, geben die Böden gelbbraune bis braune Lösungen, die bei längerer Einwirkung in der Regel dunkler werden.

Der Unterboden (B) ist gekrümelt, durch humose Stoffe rötlichbraun gefärbt. Nach der Tiefe geht der Horizont B allmählich in den hellfarbigen Untergrund über. Vielfach durchzieht ein mehr oder weniger deutliches Netzwerk von dunklen Ädern den Boden und zerlegt ihn in unregelmäßige Polyeder, ein Bodenbau, der von den russischen Forschern als Erbsen- oder Nußstruktur bezeichnet wird.

Die Waldbleicherden sind die labilste bekannte Bodenform und unterliegen unter ungünstigen Verhältnissen leicht der Umbildung in typischen Podsol. Ausgezeichnete Beispiele hierfür bieten die Heiden Westeuropas. Soweit Waldreste, wenn auch nur in Gebüschform vorhanden sind, hat der Boden den Charakter der Waldbleicherden behalten, unter Heidebedeckung ist er in Podsol, oft unter Ortsteinbildung, umgewandelt.

Besondere Aufmerksamkeit hat die Umbildung von Tschernosem in Waldbleicherde erregt. Die osteuropäische Schwarzerde ist nach Norden und Westen von einem Kranz von „grauem Waldboden" umgeben, der vielfach aus der Umbildung von Schwarzerde hervorgegangen ist und von den russischen Forschern als „degradierter Tschernosem" bezeichnet wird. Zahlreiche Gründe sprechen dafür, daß nach der Eiszeit die Steppengebiete größere Ausdehnung hatten und erst allmählich von Wald besiedelt wurden. Unter Wald tritt eine Änderung des Bodenklimas ein, die ausreicht, andere Bedingungen der Bodenbildung als unter Steppe herbeizuführen.

Versuche haben gelehrt, daß im Grenzgebiet zwischen Wald und Steppe schon in kurzer Zeit durch Waldanbau der Steppenboden verändert wird. Die gleichen Änderungen sind beim Vorrücken des Waldes gegen die Steppe eingetreten. Ein Kennzeichen früheren Steppenbodens sind mit eingeschlossener Schwarzerde erfüllte Höhlen bodenbewohnender Steppentiere, die Höhlen bleiben lange kenntlich. Weitere Kennzeichen sind der ausgesprochen nußförmige Bau des Bodens und im Osten verbreitet, das Auftreten einer rotbraunen Schicht in tieferen Lagen des Bodens.

Die Kennzeichen des Waldbodens gegenüber Steppenboden sind niedere Temperaturen während der warmen Jahreszeit und höhere Feuchtigkeit in der oberen Bodenschicht. Genügender Wassergehalt ermöglicht reiches Bakterienleben und dadurch gesteigerten Humusabbau. Der Verlust an Humus muß das Bodenvolumen vermindern und ist wohl die Veranlassung, daß die Sickerwässer bestimmte Bahnen bevorzugen. Vielleicht kann auch verschieden starke Wasseraufnahme aus den einzelnen Bodenlagen durch die Pflanzenwurzeln zu örtlichen Volumveränderungen im Boden und damit zur Ausbildung der Nußstruktur führen. In schweren Böden sind die einzelnen „Nüsse“ mit einer dünnen Schicht ausgebleichten Bodens umgeben, so daß sie trocken wie bestäubt aussehen.

Die Waldbleichböden sind überwiegend Standorte der gemischten, sommergrünen Laubhölzer. Auf sandreichem Boden gesellt sich die Kiefer zu den Laubhölzern. Nach Erfahrungen des Verfassers ist die Eiche eine Baumart, unter der sich der Nußhorizont leicht einstellt. Die Pflanzenformation der „gemischten sommergrünen Laubhölzer“ ist viel weniger „bodenstet“ als die der nordischen Nadelhölzer oder der Steppenpflanzen.

Die Waldbleicherden sind im nördlichen Teile von Mitteleuropa und im Grenzgebiet zwischen Steppe und Wald im Osten weit verbreitet, sie dringen auf sandreichem Boden südlich vor und bilden z. B. einen Teil der aus Verwitterung von anstehenden Sandsteinen hervorgegangenen Böden Süddeutschlands.

Ortsböden im nordischen Bleicherdegebiet.

Die nordischen Bleicherden sind eine scharf charakterisierte Bodenformation, deren klimatische Bedingtheit sich dadurch kenntlich macht, daß in den ausgesprochenen Bleicherdezonen alle Böden gleichmäßig zu Bleicherden werden. Zugleich sind diese Zonen auch Gebiete mit hohem Grundwasserstande und mit langsam fortschreitender Verwesung der abgestorbenen Pflanzenreste. Die

Ortsböden sind daher vorwiegend Ablagerungen, welche unter dem Einfluß des Grundwassers stehen oder unter Wasser gebildet werden oder ihren Ursprung Humusanhäufungen verdanken. Man kann diese Ortsböden unterscheiden in Unterwasserböden, denen sich ein Teil der Torfböden anschließt; in Humusböden und in Böden, welche unter dem Einfluß des Grundwassers stehen: Gleiböden.

Böden dieser Gruppen können sich natürlich unter jedem Klima bilden; im verdunstungsarmen kühlen Gebiete erreichen die Humusböden ihre größte Mächtigkeit und weitere Verbreitung als unter anderen Klimaten; die Unterwasserböden sind hier am besten untersucht, ebenso die noch wenig berücksichtigten Gleibildungen. In welchem Umfange die Bodenflächen in einzelnen Ländern unter Wasser liegen, ist sehr verschieden; für Finnland gibt B. Frosterus (Entstehung der Böden im nordwesteuropäischen Moränengebiet. Helsingfors 1914) an, daß mindestens ein Drittel der Flächen unter Grundwasser steht.

1. Unterwasserböden. Die Unterwasserböden sind Ablagerungen, welche unter Wasser oder bei regelmäßig in kurzer Frist wiederkehrender Wasserbedeckung (Gezeiten) gebildet werden. Die Abgrenzung zwischen Gesteinablagerungen, welche man als geologische Bildungen betrachtet, und Böden ist fließend; man setzt sie am zweckmäßigsten, indem man die häufig zu Trockenland werdenden Bildungen den Böden zuweist, und jene Ablagerungen, welche nur durch starke Änderung der Höhenlage Festland werden können, der Geologie zuspricht. Bei genetischen Untersuchungen wird man einen Unterschied nicht machen; es ist aber für die Zwecke der Bodenkunde notwendig, einen Teil dieser Bildungen, wie z. B. die Torfablagerungen unter Wasser, Teichschlamm, Schlickablagerungen usw. den Böden anzuschließen.

Unterwasserböden bestehen aus Ablagerungen und deren Umbildungen, welche aus dem Absatz der Reste der Flora und Fauna, Tierkot usw. hervorgehen, denen sich durch fließendes Wasser oder Wind von außen zugeführte Teile in wechselnder Menge beimischen.

Mudde oder Faulschlamm. Die unter Süßwasser oder brakischem Wasser gebildeten Ablagerungen von Resten der schwimmenden Organismen (des Plankton), gemischt mit durch

Wasser zugeführten Mineralteilen (Ton, Sand), zerkleinertem Torf (= Tonmudde, Sandmudde, Lebermudde), oder durch Wind zugeführtem Blütenstaub (Fimmenit) werden nach den Rechten der Priorität am richtigsten als Mudde (C. Weber) bezeichnet (Faulschlamm, Sapropel nach Potonié). Diese Ablagerungen werden durch die im Bodenschlamm lebenden Organismen, besonders die Wurmbevölkerung stark durcharbeitet und durch chemische, aus dem Wasser stammende Ausfällungen (Kalk, Eisenoxyd, humose Stoffe) vermehrt. Überwiegt ein Bestandteil, so bilden sich Faziesunterschiede heraus, zu denen auch die oft beträchtliche Mächtigkeit erreichenden Schichten von Kalkkarbonat (Wiesenkalk, Alm) gehören.

Die Umbildungen der Muddeablagerungen sind noch wenig bekannt, erst der neuesten Zeit gehört der Nachweis an, daß ein humoser Boden unter kalkreichem Wasser und bei vermutlich reicher Anteilnahme des Tierlebens in kurzer Zeit in eine kalkreiche Masse umgebildet werden kann (H. Fischer).[54]) Anderseits ist anzunehmen, daß kalkreicher Schlamm auf kolloidgelöste Humusstoffe und im Wasser vorhandene Eisenverbindungen ausfällend wirkt, wie überhaupt ein weitgehender Austausch zwischen den gelösten Stoffen des Wassers und des Teichbodens statt hat.

Humusböden. Die Grundlage für die Bildung der ausgesprochenen Humusböden bildet zumeist der Torf, der aus zusammenhängenden schneidbaren Pflanzenresten besteht.

Die Eigenschaften der Torfböden wechseln nach den Pflanzen, aus denen sie gebildet sind. Man kann die Torfformen in drei große Gruppen einteilen, je nachdem sie vorwiegend aus Verlandungsbeständen hervorgegangen sind = Flachmoortorf, oder aus Baumresten gebildet werden = Waldtorf; oder der Hochmoorflora, besonders den Sphagneen entstammen = Hochmoortorf.[55]) Die drei torfbildenden Pflanzengruppen entsprechen selbstständigen Pflanzengenossenschaften, die wohl voneinander abgelöst werden können, durch Übergänge jedoch viel weniger verbunden sind, als zumeist angenommen wird.

Die Torfbildung ist klimatisch bedingt, wird aber durch die Eigenschaften und Anforderungen der torfbildenden Pflanzen stark beeinflußt.

Der Flachmoortorf bildet sich durch Verlandung stehender oder langsam fließender Gewässer vorwiegend aus Cyperazeen, aus Arten der Schilfgenossenschaft und aus Laubmoosen (Hypneen). Von Baumarten kann die Erle unter Umständen beträchtlichen Anteil an der Torfbildung nehmen. Die Hauptmenge des Flachmoortorfes besteht aus Resten von unter dem Wasser wachsenden Wurzeln und Rhizomen und aus Astmoosen.

Die herrschenden Pflanzenarten wechseln in verschiedenen Klimaten, sie sind aber auch von dem Nährstoffgehalt des Wassers stark abhängig, so daß eine Trennung nach Hartwasser- und Weichwasserformationen hervortritt.

Ist die Verlandung eines Gewässers so weit vorgeschritten, daß die Wasserströmungen verlangsamt werden und besonders Konvektionsströmungen (= vertikale Richtung) geringen Ausgleich zwischen den einzelnen Wasserschichten herbeiführen, so führt ein anderer Vorgang zur Ablösung der ursprünglich zumeist herrschenden Hartwasserpflanzen durch minder anspruchsvolle Pflanzenarten. Das spezifisch leichte Wasser der Niederschläge und des schmelzenden Eises sammelt sich auf dem schwereren salzreicheren Wasser an, etwa in ähnlicher Weise wie im Dünengebiet des Meeresufers eine Schicht Süßwasser auf Salzwasser schwimmt. Die anspruchsvollen Hartwasserpflanzen werden allmählich durch Arten der Weichwassergenossenschaft verdrängt. Es bildet sich dadurch vielfach ein „schalenförmiger" Aufbau der Torflagerungen heraus, indem vom Ufer zur Mitte der ursprünglichen Wasserfläche und von der Tiefe nach der Oberfläche immer anspruchslosere Arten einander folgen.

Nach Erfüllung des Wasserbeckens mit Torf verhält sich die ganze Torfmasse, die zu 70 bis 90 $^0/_0$ des Gewichtes aus Wasser besteht etwa wie eine Wasserschicht ohne Konvektionsströmungen. Die Temperatur der Torfböden entspricht dem hohen Wassergehalte; die Oberschichten sind bei hoher Tages- und Monatstemperatur kälter, zu Zeiten sinkender Temperaturen wärmer als Mineralböden. Die Torfböden haben daher niedere Frühlings- und hohe Herbsttemperaturen. Die täglichen und jährlichen Wärmeschwankungen dringen im Boden wenig tief ein, die Verzögerung der Maximal- und Minimaltemperaturen der tieferen Bodenschichten ist beträchtlich, so daß schon in mäßigen Tiefen die Höchsttemperaturen in den Winter, die Niedersttemperaturen in den Sommer fallen können. Die Nebel, welche im Herbst und von Abend bis Morgen vielfach auf den Moorflächen liegen, sind daher nicht eine Folge niederer, sondern hoher Temperatur des Moorbodens.

Bei Torfbildung machen sich wahrscheinlich die Bodentemperaturen stark geltend, die durchschnittlich beträchtlich tiefer liegen werden als bei gleichem Abstand der einzelnen Bodenschichten von der Oberfläche in Mineralböden. Es ist viel wahrscheinlicher, daß die Durchschnittstemperatur, besonders niedere Frühlings- und Sommertemperatur den Abbau der Pflanzenreste verlangsamt und dadurch zur Anhäufung des Torfes führt, als Mangel an Sauerstoff.

Waldtorf. Die Waldtorfe sind von den Torfen der Verlandungsbestände nach Lebensbedingungen der torfbildenden Arten, nach Entstehung und Eigenschaften grundsätzlich abzutrennen und als eine besondere Torfformation zu betrachten.

Der Waldtorf wird aus Resten der Bäume und der niederen Bodenvegetation (Beerkräuter, Moose u. and.) gebildet, auch die Wurzelreste tragen vielfach zur Torfbildung bei. Der Vorgang der Waldtorfbildung läßt sich in allen Übergängen verfolgen. Die ersten Andeutungen der Torfbildung treten durch festes Zusammenlagern der Waldstreu hervor, hiermit beginnt die Ablagerung des Rohhumus der Forstmänner, der bei zunehmender Mächtigkeit in zusammenhängende, schneidbare Massen = Trockentorf der Forstmänner übergeht und endlich zur Ablagerung mächtigerer Schichten von Waldtorf führen kann.

Die Ansammlung starker Waldtorfschichten ist ein klimatisch bedingter Vorgang; die Verbreitung des Waldtorfes auf Mineralböden und seine Erhaltung als Bodenformation fällt etwa mit der Verbreitung regionaler Hochmoore zusammen; in wärmeren Gebieten findet sich Waldtorf auf vorgebildeten Humusböden oft in beträchtlicher Mächtigkeit. Die klimatische Beeinflussung der Waldtorfbildung geht daraus hervor, daß Baumarten wie Buche und Fichte, welche im Gebiete ihres günstigsten Gedeihens keinen Trockentorf bilden, unter abweichendem Klima zu starken Torfbildnern werden.

Hochmoortorf. Unter den bekannten Pflanzengenossenschaften ist die der Hochmoore eine der charakteristischsten und, außer von klimatischen, eine der von äußeren Einflüssen unabhängigsten Pflanzenvereine. Eine kleine Anzahl von Pflanzenarten ist torfbildend, unter ihnen herrschen die Torfmoose (Sphagneen) vor. Die hauptsächlichste Verbreitung der Sphagneen fällt etwa mit der der nordischen Nadelhölzer zusammen, auf vorgebildetem Humusboden gehen sie beträchtlich weiter nach Süden. Im arktischen Gebiet treten die Sphagneen zurück, ihre Stelle übernehmen dort die in Bau und Lebensbedingungen ähnlichen Dicranumarten.

Die Hochmoorflora gehört zu den anspruchlosesten bekannten Pflanzenarten; der jährliche Zuwachs an organischer Substanz ist gering, der Mineralstoffbedarf unbedeutend, so daß er zumeist durch äolische Zufuhr von Staub gedeckt werden kann; Stickstoff liefern die Niederschläge und wohl auch Absorption von Ammon aus der Luft durch die sauer reagierenden Pflanzenmassen. Der anatomische Bau der Moose ermöglicht Wasser anzusammeln; das unbegrenzte Spitzenwachstum dieser Moose, die langsam fortschreitende Zersetzung ihrer abgestorbenen Teile, der in allen trockenen Lagen bültige Wuchs ermöglichen nicht nur die Erhaltung der Torfmoose, sondern führen zur Ansammlung von Wasser und Versumpfung des Bodens.

Die als Zwischenmoore, Mischmoore, Übergangsmoore bezeichneten, praktisch wichtigen Torfbildungen sind wohl besser als besondere Moorgebilde zu streichen. Es handelt sich zumeist um Moore, in denen die Hartwasserpflanzen durch Arten des weichen Wassers abgelöst werden, ohne doch den Charakter des Verlandungsmoores zu verlieren. Die Besiedelung von Flachmoortorf oder Waldtorf durch echte Hochmoorsphagneen sind keine Mittelbildungen, sondern der Beginn des Hochmoores auf vorgebildetem Humusboden.

Umbildung der Torfböden. Moderböden.

Torfzerstörer. Sind Wasserflächen annähernd bis zur Höhe des früheren Wasserspiegels durch Torfbildung verlandet und ändern sich, wie dies namentlich bei Waldtorf häufig der Fall ist, die Bedingungen der Torfablagerung, so siedeln sich Pflanzen an, welche den Zusammenhang des schneidbaren Torfes zerstören und ihn in feinerdige Teile (Moder) umwandeln: Moderböden. Zu den Moderböden gehören die Moorböden und Moormergelböden der geologischen Aufnahmen.

Es sind hauptsächlich Gräser mit starker Wurzelentwicklung, welche den Torf durchwachsen und ihn zum Zerfall bringen. In Deutschland sind die wichtigsten Torfzerstörer Molinea coerulea L. (Benthalm, Blauschmiele) und Aira flexuosa L. (Draht-Schmiele). Wenige Jahre genügen, um schwächere Torfschichten in Moder überzuführen. Auch die Tierwelt nimmt an dieser Umbildung teil, zumal Regenwürmer und Maulwürfe sind wichtige Mithelfer. Bei den Moorkulturen fördert der Mensch durch seine mechanische Arbeitsleistung die Umbildung des Torfes und führt ihn innerhalb weniger Jahre in Moder über.

Torffolgen. Fertig gebildete Torflager sind günstige Standorte für die Entwicklung anderer torfbildender Pflanzenformationen, welche in wasserreichen Humusböden günstige Lebensbedingungen finden. Als Regel kann gelten, daß auf Verlandungsmooren zumeist torfzerstörende Gräser auftreten, die bald von Baumpflanzen (Birke, Erle, Kiefer usw.) überwachsen und verdrängt werden. Unter den Bäumen bildet sich Waldtorf, der wiederum den Hochmoorpflanzen günstige Bedingungen bietet, die dann allmählich die Bäume zum Absterben bringen und herrschend werden.

In vielen Fällen, namentlich im Gebiete regionaler Hochmoorbildung, wird zunächst Waldtorf gebildet, der durch Torfmoose unter Bodenversumpfung besiedelt wird; dem Walde folgt das Hochmoor. Nimmt der Wasserreichtum der Hochmoore aus irgendeinem Grunde ab, so erhalten die Bäume wieder günstigere Standorte und es kann sich dann wiederum Wald auf Hochmoor mit Waldtorfboden finden.

Eine andere Form des Raumgewinnes der Hochmoore wird durch seitliche Ausbreitung der Hochmoore verursacht. Das Spitzenwachstum der Moose erhöht fortgesetzt die Mächtigkeit der Hochmoortorfschicht, so daß das Hochmoor sich wie ein flacher Kuchen über die ursprüngliche Höhenlage des Geländes erhebt und nach allen Seiten Wasser abfließen läßt. Die benachbarten Flächen versumpfen, vorhandener Wald kommt zum Absterben und das Hochmoor schreitet langsam, aber unwiderstehlich von seinen Rändern aus vorwärts. Das Zurückweichen der nordischen Waldgrenze beruht auf dem Vordringen des Hochmoores gegen den Wald.

Verwitterung der Torfböden.

Abgeschlossene Torfablagerungen unterliegen, wie jede andere Bodenform fortschreitender Verwitterung und Umbildungen. Die organisierte Struktur des Torfes wird mehr oder weniger zerstört, die ganze Masse wird einheitlicher und dichter gelagert. Zumal beim Hochmoortorf tritt der Unterschied zwischen älteren und jüngeren Torfen hervor. Die meisten europäischen Hochmoore zeigen eine Gliederung in unteren (älteren) Moostorf und oberen (jüngeren) Moostorf, die durch eine Zwischenlage getrennt sind, welche in ihrer Zusammensetzung der zur Jetztzeit zumeist vorhandenen Vegetation entspricht und vielfach zur Annahme von Klimaveränderungen in historischer Zeit Veranlassung gegeben hat.

Die wichtigste Änderung des Torfes hängt mit seiner Auswaschung durch Sickerwasser zusammen. Torfe, zumal locker gelagerte faserige Formen, sind für Wasser ziemlich durchlässig, von höher gelegenen Teilen des Moores bewegt sich zumeist ein langsamer Wasserstrom nach den tiefer liegenden Teilen des Moores. Die Torfe unterliegen daher fortgesetzter Auswaschung und können in niederschlagreichen Gebieten oft recht erheblich an Mineralteilen verloren haben (z. B. die Moore des bayerischen Alpenrandes mit 12 bis 1500 mm Niederschlag gegenüber den Mooren der Donauniederungen mit 600 bis 800 mm Niederschlag).

Die Verdünstung der Mooroberfläche ist beträchtlich und wird wahrscheinlich erhöht, wenn an Stelle der torfbildenden anspruchsvollere Arten treten. Hierdurch wird der Wassergehalt der oberen Schichten vermindert und Bedingungen zur Ausscheidung von zersetzbaren Verbindungen gegeben. Nicht selten kommt Eisenhydrooxyd zur Abscheidung; es ist dies besonders der Fall, wenn im Torfe Schwefeleisen, welches im kalkarmen Torf selten ganz fehlt, reichlich vorhanden ist. Kalkausscheidungen sind in Flachmooren häufig. Der Kalk ist dann entweder in der ganzen Masse gleichmäßig verteilt (Moormergel, Torfmergel) oder in kleineren oder größeren Konkretionen ausgeschieden. Die Form des Auftretens spricht dafür, daß es sich zumeist um Ausscheidungen des aufsteigenden Wasserstromes handelt, wenn der Kalk natürlich auch von eingelagerten Muschel- und Schneckenschalen herrühren oder zugeführten kalkreichen Wässern entstammen kann.

Unter dem Einfluß des Grundwassers stehende Böden (Gleiböden, Wiesenböden, Raseneisenstein-Böden).

Im Bleicherdegebiet stehen viele Böden unter dem Einfluß des Grundwassers. Die Grundwässer enthalten vielfach Ferrokarbonat gelöst und führen davon durchschnittlich um so mehr, je günstiger die Verhältnisse der Humusablagerung und der Bildung kolloider Humuslösungen sind. Die Erfahrung lehrt, daß Ferriionen durch humose Stoffe leicht reduziert werden, dagegen wird Eisenoxydhydrat nicht ohne weiteres angegriffen. Das verbreitete Auftreten von gelöstem Eisen in den Gewässern der tieferen Bodenschichten beweist aber, daß Vorgänge sich abspielen, welche zur Bildung löslicher Eisenverbindungen führen. Bei Abschluß des Luftsauerstoffes sind die gelösten Eisenoxydulverbindungen stabil, bei Luftzutritt oxydieren sie sich und werden in Eisenoxydhydrat übergeführt. Diese Bedingung ist im Boden an allen der Durchlüftung zugänglichen Stellen gegeben. Befördert wird die Abscheidung von Ferrihydrat durch alle Einflüsse, welche das Aufsteigen des Grundwassers begünstigen, dazu gehören Pflanzenwurzeln, besonders Baumwurzeln.

Die Abscheidung des Eisenoxydhydrates erfolgt in verschiedener Form, bald ist es dem Boden gleichmäßig fein verteilt beigemischt, bald ragen eisenreiche Streifen, Adern und Flammen von der Höhe des durchschnittlichen Grundwasserstandes in die oberen Bodenschichten hinein. In vielen Fällen werden vorhandene Wurzeln mit einer Eisenkruste umkleidet, die oft beträchtliche Dicke erreichen kann. Das ausgeschiedene Eisenoxydhydrat verkittet vielfach die Bodenkörner, zumal in Sandböden unter Bildung von eisenschüssigen Sanden und Sandsteinen oder scheidet sich in Konkretionen oder in zusammenhängenden Bänken aus.

Die Böden, welche unter der Einwirkung eisenhaltiger Grundwässer stehen, bekommen durch die sekundären Ausscheidungen von Eisenoxydhydrat wesentlich anderes Aussehen und andere Eigenschaften. G. Wysotzky bezeichnete mit einem russischen Lokalnamen derartige Bildungen als Gleiausscheidungen und danach die Böden als Gleiböden[56]). Von russischer Seite ist diese Bezeichnung später auf alle Abscheidungen der aufsteigenden Wasserbewegung übertragen worden[57]); es scheint aber zweckmäßiger, sie auf die Böden der feuchten gemäßigten Zonen zu beschränken.

Die Ausscheidungen in den Gleiböden bestehen überwiegend aus Eisenoxydhydrat, sparsam aus Mangandioxyd, selten aus Kalkkarbonat. Durch das Vorherrschen der Eisenverbindungen unterscheiden sich die Ausscheidungen aufsteigender Wasserströmungen der Feuchtgebiete von den Trockenböden, in denen das Kalkkarbonat vorherrscht.

Gleibildungen sind nicht auf ebene Lagen beschränkt, sondern finden sich auch an Hängen, die Grundwasser führen, und erreichen hier oft beträchtliche Mächtigkeit. Die Absätze aus Quellen sind den Gleiausscheidungen nahe verwandt, entspringen sie doch gleichartigen chemischen Umsetzungen; sie unterscheiden sich jedoch durch häufiges Auftreten von Kalkkarbonat.

Wiesenböden. Böden mit flach anstehendem Grundwasser, die wenigstens in der kalten Jahreszeit vom Grundwasser ganz durchfeuchtet sind, haben besonderen Charakter. Die herrschende Pflanzenformation sind zumeist Feuchtigkeit liebende Gräser und Zyperazeen. Man bezeichnet derartige Böden als „Wiesenböden"; sie haben verschiedene Ausbildung bei sandigen und tonhaltigen Böden.

Sandige Formen der Wiesenböden (hierher gehören die Flußsande der deutschen geologischen Aufnahmen) sind in den oberen Schichten humusreich; der Humus hat Moderform. Der Unterboden ist humusarm und zeigt meist bläulich-graue Färbung. Man betrachtet diese Färbung als Zeichen von Reduktionsvorgängen im Boden, nimmt auch wohl an, daß sie mit Abscheidung geringer Mengen von Schwefeleisen in Verbindung steht, da diese Böden an der Luft ihre Färbung verlieren.

Im Untergrunde der Wiesenböden finden sich häufig Konkretionen von Raseneisen, die beim Abschlämmen des Bodens zurückbleiben. Zumeist sind es unregelmäßig geformte Körner mit rauher Oberfläche. Das Vorkommen der Eisenkonkretionen ist ein brauchbares Kennzeichen, daß die Durchlüftung des Bodens dauernd oder doch während eines Teiles des Jahres ungenügend ist.

Wiesenböden auf tonigem Boden. Das Vorkommen von tonreichen Formen der Wiesenböden geht über das Gebiet der

Bleicherden hinaus, wobei der Charakter der Böden sich nur wenig ändert. Unter einem mehr oder weniger humosen Oberboden findet sich ein zerklüfteter Unterboden, der, zumal ausge trocknet, leicht in Blättchen und Splitter zerfällt. Die Oberflächen der einzelnen Bruchstücke sind mit dünnen, dunkelfarbigen Ausscheidungen von Eisenverbindungen überdeckt. Die Bodenstruktur beruht auf Volumenverschiedenheit der Böden im nassen und trockenen Zustande. Die Böden sind in der kalten Jahreszeit wasserreich und trocknen während der Vegetationszeit unter Spaltenbildung aus. Das aufsteigende Grundwasser folgt überwiegend den Wegen, welche ihm die Spalten bieten und scheidet hier seine Eisenverbindungen aus. Der Bau der Wiesenböden und die Eisenabscheidungen sind leicht erkennbar und für diese Böden bezeichnend.

Wiesenböden finden sich in Senken, in flachen oder wenig geneigtem Gelände, sowie häufig als Randbildungen von Flüssen und Seen. Oft stehen die Wiesenböden in Verbindung mit Flachmooren, welche auch vielfach von einem breiteren oder schmäleren Saum von Wiesenböden umgeben sind.

Raseneisenstein-Böden. Die Raseneisenstein-Böden schließen sich den Gleiböden an und sind als deren vollkommenst ausgebildete Form zu betrachten. Raseneisenstein findet sich in Konkretionen oder in geschlossenen Bänken. Das Profil der Raseneisenstein-Böden ist von der Tiefe der Durchlüftung des Bodens abhängig. Die Ablagerung des Eisenoxydhydrates beginnt an der Durchlüftungsgrenze des Bodens, d. h. dort, wo Luftsauerstoff mit dem Grundwasser oder mit aufsteigenden Wasserströmungen in Berührung kommt. Das ausgeschiedene Eisenoxydhydrat verdichtet den Boden und setzt die Durchlüftung herab. Auf diesem Wege rückt die Durchlüftungsgrenze im Boden weiter nach oben, so daß selbst die Oberfläche des Bodens erreicht werden kann und der Raseneisenstein feste Bänke bildet. In den Tiefen der Raseneisensteinsschichten hat man Eisenoxydulkarbonat gefunden. Es kann daher keinem Zweifel unterliegen, daß die Ausscheidung der gelösten Eisenverbindungen auf rein chemischem Wege erfolgen kann. In der Natur verläuft der Vorgang jedoch vielfach unter Mithilfe niederer Organismen. Bestimmte Bakterienformen scheinen die bei der Umwandlung des Ferrokarbonates in Ferriverbindungen frei werdende Energie für ihre Lebensbedürfnisse ausnutzen zu können und die Bildung von Eisenabscheidungen hervorzurufen oder sie doch zu fördern.

Bei Besprechung der Gleibildungen, welche durch ihre weite Verbreitung und starke Veränderungen in Böden die vollste Aufmerksamkeit verdienen, ist Verfasser wesentlich russischen Vorgängern gefolgt. Es mag aber dahingestellt bleiben, ob es berechtigt ist, Gleiböden als besondere Bodenform zu unterscheiden. Gleibildungen können überall auftreten und treten überall auf, wenn der Boden unter dem Einfluß hochstehenden Grundwassers steht; als selbständige Bodenform betrachtet charakterisieren sich die Gleiböden ausschließlich durch sekundäre Veränderungen, die weder mit den ursprünglichen Vorgängen etwas zu tun haben noch auf klimatischer Grundlage beruhen. Es wird sich daher vielleicht empfehlen, besser von Böden mit Gleibildungen als von Gleiböden zu sprechen und sie als Ortsformen einzuordnen.

Aueböden. Die Aueböden bilden sich aus den Anschwemmungen der Flüsse; solange sie im Bereich regelmäßig wiederkehrender Hochwässer liegen, erhalten sie fortgesetzt Bestandteile von außen zugeführt. Hierdurch sind die Aueböden stark abhängig von der Zusammensetzung und Beschaffenheit der vom Flusse durchströmten Gebiete. Die Aueböden sind längere oder kürzere Zeit im Jahre nicht überflutet und unterliegen während dieser Zeit der im Gebiete herrschenden Verwitterung; es sind daher mehr oder weniger Ortsböden der einzelnen Bodenzonen und bei besserer Durcharbeitung der Bodenformen entsprechend einzuordnen. Zu den Aueböden gehören die Flußabsätze der Niederungen, die bei großen Strömen oft gewaltige Ausdehnung erreichen (Ganges, Nil, Mississippi u. a.).

Die Aueböden der deutschen Flüsse sind im Tiefland zumeist reich an Gleibildungen und bestehen aus Gemischen von tonigen und sandigen Ablagerungen, die unter dem Einfluß alljährlicher Zufuhr und des organischen Lebens günstigen Bodenbau besitzen und meist von hoher Fruchtbarkeit sind. Im Vorlande der Alpen (Isar, Iller) führen die Flüsse meist Kalksand, der nach der Ablagerung verkittet. Es liegen dann humusreiche kalkhaltige Böden auf locker verfestigten Kalksanden vor.

Marschböden, Knick. An Flachküsten der Meere mit regelmäßig auftretenden Gezeiten, aber ohne starke Strömungen, werden Gemische von organischen und anorganischen Teilen abgelagert und von den vorhandenen Pflanzen festgehalten. Diese Schlickablagerungen werden, wenn ihre Mächtigkeit allmählich die regelmäßige Fluthöhe übersteigt, landfest und bilden Bodenformen, welche man an den deutschen Nordseeküsten als Marschen, Marschböden oder als Kleiböden (Klei von kleiben = kleben bleiben, ein Boden, der an den Füßen „kleibt") bezeichnet. Die Marschböden haben an vielen Küsten ausgedehnte Verbreitung (z. B. Manggroven-Marschen), sind bisher aber, mit Ausnahme der Ablagerungen der Nordseeküste, noch nicht genauer untersucht worden.

Der Schlick ist als eine Salzwasserform der Muddebildungen zu betrachten, zur Ablagerung und Festigung trägt die Organismentätigkeit wesentlich bei.[58]) Der Klei ist ein humus- und tonreicher Boden hoher Fruchtbarkeit. Unter den an der Nordseeküste herrschenden klimatischen Verhältnissen wird der Klei entkalkt, seine Struktur ungünstig verändert und unterliegt starken Gleibildungen, welche namentlich die Wurzeln der Pflanzen als Eisenausscheidungen umhüllen. Diese ungünstig veränderten Kleiböden werden als Knick bezeichnet.[59])

Salzhaltige Böden der Bleicherdegebiete.[60]) Im Bleicherdegebiete kommen meist vereinzelt, in einigen Fällen aber auch auf räumlich ausgedehnten Flächen Bodenarten vor mit wechselndem Gehalt an Salzen. Die Analysen ergeben wechselnden Gehalt an Gips, Sulfaten des Magnesiums und des Eisens, Alaun. Das Vorkommen von leichtlöslichen Salzen in ausgeprägten Feuchtgebieten ist nur dann verständlich, wenn im Boden die Salze immer wieder neu gebildet werden. Diese Bedingung ist zumal auf schwer durchlässigen Böden erfüllt, die Schwefeleisen enthalten, dessen Oxydation freie Schwefelsäure liefert; die Schwefelsäure greift dann die Mineralteile des Bodens an und bildet lösliche Salze. Viele Torfe und einzelne Muddeformen enthalten Schwefeleisen; oft finden sich davon nur sehr geringe, in einzelnen Fällen aber beträchtliche Mengen.

Unter den deutschen Vorkommen sind zu nennen: Darg, ein Eisenbisulfid enthaltender Schilftorf Nordwestdeutschlands; Maibolt (Gifterde, Pulvererde), eine Einfach-Schwefeleisen und freien Schwefel enthaltende, namentlich im Brakwasser gebildete Form der Mudde.[61]) Auch manche Tone enthalten Schwefeleisen und liefern bei der Verwitterung entsprechende Salze.

Es sind daher im nordischen Bleicherdegebiete verschiedene Böden, welche sauer reagieren und hydrolysierbare Salze, wie Eisensulfate und Alaun, enthalten. Größere Flächen derartiger salzhaltiger Böden haben Finnland und Ostsibirien.

Fließerden des Bleicherdegebietes. Unter den Böden, welche aus nordischen Diluvialablagerungen hervorgegangen sind, finden sich Staub- und feinkörnige Sandböden geringer Ortsstetigkeit, welche sich den Fließerden anschließen. Es sind dicht gelagerte Böden in Einzelkornstruktur, die mit Wasser gesättigt treibend werden und an Grabenrändern und sonstigen Einschnitten als dicker Bodenbrei heraustreten oder hervorquellen. Im Podsolgebiete sind diese Böden häufig und namentlich in Skandinavien verbreitet. Treibende Staubböden sind die Flottsande Hannovers (Senkelboden in Westfalen) und Böden gleicher Beschaffenheit in Skandinavien.

Die Braunerden.

Die Braunerden entstehen bei mäßiger Verdunstung und mittelhohen Temperaturen in gemäßigten Klimaten. In den Tropen bilden sich ähnliche Böden unter ausgesprochen humiden Bedingungen ohne jahreszeitlichen Wechsel. Die Braunerden sind die herrschende Bodenform von West- und Mitteleuropa, gehen aber z. B. in Italien weit nach Süden. Das Braunerdegebiet Europas wird nach Norden durch Grauerden, nach Osten von Schwarzerden, nach Süden von Gelb- und Roterden begrenzt.

Das Klima der Braunerdegebiete hat jahreszeitlichen Wechsel. In der warmen Jahreszeit reichen die Niederschläge nicht aus, um auf pflanzenbestandenem Boden Sickerwässer zu bilden. In warmen und trockenen Jahren herrschen schwach aride Bedingungen, so daß die Wirkungen der steigenden Wasserbewegung im Boden kenntlich werden. Es tritt dies namentlich in der Anreicherung an Kalk im Bodenwasser hervor, Ausscheidungen von Kalkkarbonat in nennenswerter Menge sind sparsam oder werden nur in Böden mit günstiger Wasserleitung, wie im Löß regelmäßig beobachtet. Für die Mehrzahl der Braunerden überwiegt die Auswaschung entschieden; die leichtlöslichen Salze und die

Erdkarbonate werden ausgewaschen, während Phosphate und die Sesquioxyde (Eisenoxyd, Tonerde) dem Boden verbleiben.

Der Humusgehalt der Böden ist bei mittelschnellem Abbau der humosen Stoffe und starker Bildung organischer Substanz durch die Pflanzen gering bis mittel, selten hoch. Die Menge der vorhandenen Humusstoffe reicht jedoch aus, den Böden einen unreinen, schmutzigen Farbenton zu verleihen (im Gegensatz zu den reinen Färbungen der humusarmen Gelb- und Roterden). Die Färbung der Böden schwankt von gelbbraun bis rotbraun und beruht auf wechselndem Gehalt an gelbbraunen bis braunen Eisenoxydhydraten; hellere gelbbraune oder dunklere braunrote Färbungen sind nicht selten. Rote Färbungen der Böden treten auf, wenn das Grundgestein ausgeschiedenes Eisenoxyd enthält.

Die herrschende Humusform der Braunerden ist die innige, nur durch chemische Hilfsmittel trennbare Mischung der humosen Stoffe mit den Mineralteilen des Bodens. Der Boden reagiert neutral oder schwach basisch; es fehlen ihm daher die aufquellbaren Humusstoffe. Mit verdünnter Ammonflüssigkeit behandelt ergeben sich gelbliche bis gelbbraune (meist durch Tonteile getrübte) Flüssigkeiten, die nicht nachdunkeln oder erst bei längerer Einwirkung auf den Boden dunklere Färbungen annehmen.

Bezeichnend für die Braunerden ist außer der Form des Eisenoxydhydrates der Gehalt an wasserhaltigen kieselsauren Tonerdesilikaten, den Tonsubstanzen. Geringe Mengen Ton reichen bereits aus, dem Boden Bindigkeit zu geben; die Braunerden sind daher bindige Bodenarten. Die Krümelung der Böden ist im allgemeinen nicht erheblich, im landwirtschaftlichen Betriebe bedarf es daher regelmäßiger Bearbeitung der Böden und Zufuhr organischer Dünger, um die lockere Lagerung des Bodens zu sichern.

Die Braunerden entstehen unter dem Einfluß eines gemäßigten und stark wechselnden Klimas, regenreiche und regenarme Jahre treten auf, so daß die Auswaschung im Boden bald mehr, bald weniger stark wirksam ist. Die orographische Gliederung der europäischen Braunerdegebiete ist sehr reich, zahlreiche Gebirge durchziehen das Gelände, die Ortseinflüsse erlangen unter diesen Umständen große Bedeutung. In keiner anderen Bodenformation übt das Grundgestein ähnlichen Einfluß auf die Bodeneigenschaften aus wie im Braunerdegebiet. Diesen Verhältnissen entspricht, daß

Fallou, dem der erste Versuch der Einordnung der Böden auf wissenschaftlicher Grundlage zu verdanken ist, seine Einteilung im wesentlichen auf das Grundgestein aufbaute. Fallou machte seine Studien vorwiegend in Mitteldeutschland.

In Osteuropa treten infolge der kontinentalen Lage die klimatischen Unterschiede schärfer hervor als im gemäßigten Mittel- und Westeuropa, dort grenzen Bleicherden und Schwarzerden oft unvermittelt aneinander, das Zwischenglied der Braunerden fehlt oder scheint wenig charakteristisch entwickelt zu sein.*)

Analysen von Braunerden liegen in großer Zahl vor; es fehlt jedoch auffällig an Untersuchungen ganzer Bodenprofile, die Einblick in die Verwitterungsvorgänge gewähren.

Die Schichtenfolge der Braunerden zeigt schwach bis mäßig humosen Oberboden (A), der sich meist wenig scharf vom Unterboden (B) absetzt. Der Untergrund (C) ist auf Böden, die aus der Verwitterung anstehender Gesteine hervorgegangen sind, meist mit eckigen Gesteinstrümmern durchsetzt, die nach der Tiefe zunehmen, so daß oft eine Schicht von Gesteinsgruß das Grundgestein überlagert.

Die klimatischen Verhältnisse in Braunerdegebieten begünstigen das langsame Abrutschen in zusammenhängenden Massen an Berghängen (Gekriech).

---

*) K. Glinka (Typen der Bodenbildung [1914] und mehreren Aufsätzen in Potschwowedenie) vertritt die Auffassung, daß die vom Verf. unterschiedenen Braunerden den Verwitterungsschichten der Bleicherden (Horizont B) entsprechen und keine selbständige Bodenform seien. Der Horizont B der Bleicherden ist ein „Anreicherungshorizont" und hat aus überlagernden Schichten Zufuhr von Verwitterungsprodukten und von kolloid zugeführten Stoffen empfangen. Der Horizont B der Bleicherden setzt daher die Überlagerung mit einer ausgewaschenen oder doch mit einer Schicht humoser Stoffe voraus. Es ist daher nicht einzusehen, wie Böden von den Eigenschaften B der Bleicherden überhaupt die oberste Bodenschicht eines verwitternden Grundgesteins sein können.

Dem Verf. sind jedoch viele Beispiele bekannt, bei denen unter dem Einfluß ungünstiger Humusformen und Wechsel der Pflanzendecke (z. B. Fichte anstelle früher vorhandener Laubhölzer, Beerkrautdecken und Heide anstelle anderer Formen der Laubstreu) Anzeichen einer Umbildung von Braunerden in Bleicherden auftreten. Es macht sich dies dadurch kenntlich, daß im Boden Stellen mit gesteigertem Wasserabfluß, verrottenden Wurzeln u. dergl. ausgebleicht werden. Nicht selten findet man Bodenteile, die allseitig vom Rohhumus umschlossen, ausgebleicht sind, oder eine dünne oberste Bodenschicht ist ganz in Bleicherde übergeführt; Vorkommen, welche von den russischen Forschern als „schwach podsolig" bezeichnet werden. Es sind dies Umbildungen von Braunerden in Bleicherden, die ähnlich zu beurteilen sind wie die „degradierten Schwarzerden".

Die Braunerden sind sowohl durch den Einfluß des Grundgesteins wie auch der Ortslage reich an Ortsböden, die oft auf kurzer Entfernung wechseln, so tragen Basaltklippen, Diabasgänge und ähnliche Einzelvorkommen oft Böden, die sich deutlich von den benachbarten Bodenformen unterscheiden. Sieht man die Werke von Fallou und C. Grebe[62]) durch, so sind es zumeist „eisenhaltige Lehmböden" und „eisenhaltige Tonböden", d. h. Braunerden, welche die Gesteinsverwitterung liefert. Ausgesprochene Sandböden von Braunerdecharakter scheinen zu fehlen. Die Niederschlagsmengen reichen im Gebiete wohl überall aus, um reine Sandböden der löslichen Stoffe zu berauben, dadurch die Bildung aufquellbarer Humusstoffe und von Bleicherden zu gestatten.

Kalkböden. Unter den Ortsböden im Braunerdegebiete nehmen die aus der Verwitterung von Kalkgesteinen hervorgehenden Böden eine besondere Stellung ein. Während die Silikate bei der Zersetzung meist nur einen kleinen Teil ihrer Masse verlieren, werden die Kalkgesteine ihres Kalkgehaltes unter der lösenden Wirkung des kohlensäurehaltigen Wassers beraubt, so daß die Böden überwiegend aus den Beimischungen der Kalksteine gebildet werden; dies führt dazu, daß aus der Verwitterung von Kalkgesteinen die verschiedenartigsten Böden entstehen können. Je reiner ein Kalkgestein ist, um so weniger bleiben Rückstände und der entstehende Boden ist meist sehr flachgründig, arm an Feinerde, dagegen reich an Kalksteinbruchstücken.

Viele Kalksteine enthalten fein verteilt, wasserhaltige Tonerdesilikate (Ton) beigemischt, so daß bei der Verwitterung schwere Tonböden zurückbleiben. In ausgesprochenen Feuchtgebieten sind nicht selten die oberen Bodenschichten infolge weitgehender Auswaschung ausgesprochen kalkarm oder selbst karbonatfrei. Der ausgewaschene Boden unterliegt dann allen Umbildungen, welche für das herrschende Klima bezeichnend sind. In Trockengebieten enthalten alle Böden ausreichend Kalkkarbonat, um die Eigenschaften von Kalkböden anzunehmen, eine Schwarzerde auf Kalk unterscheidet sich z. B. nur durch den Gehalt an Kalksteinbruchstücken in den tieferen Bodenschichten von jeder anderen Schwarzerde. „Kalkböden", als von den Böden des Gebietes abweichende Ortsböden, finden sich daher nur in mehr oder weniger humidem Klima. Wenn man die „Kalkböden" trotzdem von den übrigen

Bodenformen trennt, so beruht dies hauptsächlich auf folgenden Tatsachen:

Anstehende Kalkgesteine sind fast stets stark durchklüftet und deshalb gut drainiert. Die Kalkgebirge aller Klimate zeichnen sich daher durch eigenartigen Ablauf des Wassers aus. Die Niederschläge dringen rasch in Spalten und den durch Auslaugung des Kalkes gebildeten Röhren in die Tiefe und bewegen sich dann als unterirdische Wasserläufe, die oft als mächtige Quellen zutage treten. Man nennt diese Ausbildungsform des Wasserablaufes nach den bezeichnenden, zuerst eingehend untersuchten Gebieten Österreichs Karstgebiete und spricht von „Verkarstung" eines Kalkgebirges. Durch die Ableitung des Wassers in unterirdische Wasserläufe wird die aufsteigende Bewegung des Wassers auf jenen Anteil des Bodenwassers beschränkt, welcher nicht zum Ablauf kommt, sondern im Boden zurückbleibt. Diese Menge ist meist gering. Die große Zahl der Kalkböden ist daher nicht durch Grundwasser beeinflußt und leidet schon durch die rasche und tiefgehende Abfuhr der Sickerwässer nur in seltenen Fällen unter Versumpfung, dagegen vielfach unter unzureichender Wasserversorgung der Pflanzendecke. Der Wassergehalt des Bodens beeinflußt die Bodentemperatur. Wasserreiche Böden gelten durchschnittlich infolge der hohen Wärmekapazität des Wassers und der Wärmebindung beim Verdunsten als „kalte Böden". Wasserarme Kalkböden sind dagegen meist „warme Böden", dies ist neben der abweichenden Humusausbildung eine wichtige Ursache für die allgemein beobachtete Erscheinung, daß Bodenformen wärmerer Klimate auf Kalk am weitesten in kühlere Klimate vordringen.

Kalkfelsen haben entsprechend ihrer Zerklüftung meist steile Gehänge, vielfach ragen die Gesteinsmassen in Wänden und Felsen frei hervor und unterliegen starken Wärmeschwankungen. Bei herrschenden hohen Temperaturen erwärmen sie sich stark, bei niederen ist die Ausstrahlung und damit die Erkaltung beträchtlich. Die Verdunstung ist während der Zeit hoher Bodentemperaturen gesteigert; dies führt dazu, daß der Sonnenbestrahlung ausgesetzte Felsen und Gehänge ein ausgesprochenes Bodenklima haben. Die Kalkgebiete haben daher oft ausgeprägte Randböden von selbständigem Charakter.

Die Kalkböden haben neutrale oder schwach basische Reaktion.

6*

Der Gehalt an Kalkkarbonat verhindert, daß bei der Verwitterung die hydrolytische Spaltung der Silikate bis zum Auftreten freier Säuren fortschreiten kann, da stets Überschuß an leicht zersetzbarem Kalkkarbonat vorhanden ist.

Die Humusbildung führt auf kalkhaltenden Böden vielfach zur Ablagerung tiefschwarz gefärbter Humusstoffe. Die Rolle des Kalkes bei dem Abbau organischer Stoffe ist noch nicht sichergestellt. Viele im Boden tätige Bakterien bevorzugen kalkhaltige Bodenarten; gekrümelte, gut durchlüftete Böden sind der Verwesung günstig; die Erfahrungen der Moorkultur lehren, daß der Abbau des Torfhumus durch Kalkgaben gefördert wird; anderseits findet sich bei reichlichem Kalkgehalt Ansammlung von schwarzem Humus, so daß hoher Humusgehalt für manche Kalkböden eine bezeichnende Erscheinung ist. Bisher ist die Kenntnis der Zersetzungsvorgänge organischer Reste noch zu wenig vorgeschritten, um diese Beziehungen verständlich zu machen. Kalkkarbonat verhindert die Bildung kolloid aufquellender Humusstoffe, in durchlüfteten Kalkböden fehlen daher „saure Humusstoffe“ mit allen ihren umlagernden Wirkungen im Boden. Aus den vorliegenden Analysen läßt sich schließen, daß der Abbau der organischen Stoffe bei genügendem Kalkgehalt zur Bildung von kohlenstoffreicherem Humus führt als auf kalkarmen Böden. Faßt man diese Beziehungen zusammen, so muß die Humusansammlung in ariden Schwarzerden bei Beurteilung des Kalkeinflusses ausscheiden, da hier klimatische Gründe bekannt sind, welche den Humusabbau verzögern. Zahlreiche, aus der Verwitterung von Kalkgesteinen hervorgehende Böden sind humusarm, andere humusreich.

Eine humusreiche Form der Kalkböden wird in Polen als „Rendzina“ bezeichnet, was etwa schwerer toniger Boden bedeuten soll; in neuerer Zeit ist unter dem Einfluß russischer Bodenforscher die Bezeichnung Rendzina für alle aus der Verwitterung von Karbonatgesteinen hervorgegangenen Böden gebraucht worden; dies ist nicht zu empfehlen, da die Kalkböden doch zu weit in ihren Eigenschaften voneinander abweichen, um eine andere als genetische Namengebung zu rechtfertigen.

In den Kalkböden findet man den Gehalt an Eisenoxydhydrat im Oberboden (A) vermindert, im Unterboden (B) erhöht. Es hat demnach eine Abwanderung von Eisen aus den höheren in tiefere Lagen stattgefunden. Die Vorgänge, welche diese Umlagerung bewirken, sind noch nicht aufgeklärt; die Tatsache selbst tritt schon in vielen Fällen durch Unterschied in der Färbung zwischen Oberboden und Unterboden hervor. Der Oberboden ist oft, auch bei nur mäßigem Humusgehalt, auffallend dunkel gefärbt oder, und dies gilt z. B. für die große Zahl der deutschen Kalkböden, es herrschen helle, fahle, gelbbräunliche bis braune Färbungen vor. Der Untergrund (B) ist stets dunkler als der Oberboden gefärbt, gelbbraun, braun, häufig rotbraun bis rot.

Zu den aus Kalkgestein hervorgegangenen Böden gehören auch die Lehme des nordischen Diluviums, soweit sie aus unverändertem, d. h. nicht durch Ausspülung an feinerdigen Bestandteilen verarmten Diluvialmergel hervorgegangen sind.

Karstroterde (Terra rossa).

Die als Terra rossa bezeichneten Kalkböden des nördlichen Mittelmeergebietes schließen sich an die Kalkböden Mitteleuropas an. Verf. hatte bisher nicht ausreichend Gelegenheit, die Karstroterden zu untersuchen. Soweit seine Erfahrungen reichen, sind zwei Formen der als Terra rossa bezeichneten Böden zu unterscheiden.

Die eine Form beherrscht die Hochflächen des Karstes und der Kalkgebirge bis Kroatien und dringt wahrscheinlich auf der Balkanhalbinsel weiter nach Süden vor. Der Oberboden ist fahl, gelbbraun bis rotbraun, der Unterboden braunrot bis dunkelrot.

Die zweite Form der Terra rossa sind Randbildungen, die als rote und rotbraune Überzüge auf dem Kalkgestein auftreten und sich in Spalten und Unebenheiten ansammeln und hier braunrote Massen bilden. Die Berghänge und Gebirgsmassen des Gebirges erhalten durch die an rotem Eisenoxydhydrat reichen Abscheidungen auf den Kalkgesteinen die ausgesprochen roten Färbungen, welche jedem Reisenden auffallen.

Die erste Form der Karstroterden schließt sich zwanglos den mitteleuropäischen Kalkböden an, von denen sie sich hauptsächlich nur durch die starke Färbung des Unterbodens unterscheidet. Es ist nicht ausgeschlossen, daß die Böden der Karsthochflächen alte Böden sind, deren Bildung in die Diluvialzeit zurückreicht, und die ihre Eigenschaften zum Teil einem kühleren und regenreicheren Klima verdanken als zur Jetztzeit herrscht. Die Frage des Alters soll man sich überhaupt in allen Fällen vorlegen, wenn es sich um Böden von Gebieten handelt, welche in der Eiszeit nicht unter Gletschern lagen. Kalkböden, zu deren Bildung mit der Abfuhr von mehreren, oft vielen Metern Gesteinsschichten gerechnet werden muß, können schwerlich in der kurzen Zeit seit dem Rückzug der diluvialen Eisdecke entstanden sein.

Die Randroterden erhalten ihre bezeichnenden Eigenschaften durch die hohen Bodentemperaturen und die starke Austrocknung in der warmen Jahreszeit. Die Bildung organischer Substanz ist auf den im Sommer wasserarmen Hängen nicht bedeutend; die milden Winter gestatten raschen Abbau der organischen Reste. Die Böden haben daher geringen Humusgehalt und zeigen die leuchtenden Farben der humusarmen Böden.

Man wird schwerlich fehlgehen, wenn man die Randroterden des Mittelmeergebietes als halb feuchte (semihumide) Bodenbildungen betrachtet. Die Niederschläge der kalten Jahreshälfte reichen aus, den Boden auszuwaschen; die Sickerwässer dringen durch die Spalten tief ein, die aufsteigenden Wasserströmungen üben nur geringe Wirkungen aus. Die Böden tragen daher den Charakter der Feuchtböden, ihre Beschaffenheit wird jedoch durch hohe Temperaturen und starke Austrocknung während der warmen Jahreszeit beeinflußt.

Die Karstroterden sind bisher wenig, die Randbildungen vielfach untersucht worden. Die Herkunft des Eisens in den Böden ist ein Gegenstand verschiedener Meinungen gewesen, ohne daß bereits ein voller Abschluß erzielt wurde.[63])

Die feucht-trockenen (semiariden) Böden gemäßigter Zonen.

In kontinentalen Gebieten treten die Gegensätze zwischen den warmen und kalten Jahreszeiten scharf hervor. Die Winter sind kalt; der Frost dringt tief in den Boden ein; die Zeit des Bodenfrostes umfaßt eine reichliche Anzahl Monate. Die Luft- und Bodentemperatur ist dagegen zur Sommerzeit hoch; die Sonnenbestrahlung stark, so daß Temperaturen der Bodenoberflächen von 60^{0} und mehr häufig erreicht werden. Das Sättigungsdefizit der Luft ist beträchtlich, die Verdunstung sehr groß, so daß zur

Sommerzeit der Boden tief austrocknet und die aufsteigende Bewegung der Bodenfeuchtigkeit stark wird.

Im Winter sammeln sich die Wässer der Niederschläge im Boden an und ermöglichen eine üppige Frühjahrsvegetation. Sickerwässer werden in diesen Böden nur in geringer Menge gebildet; die große Masse der Niederschläge, welche in den Boden eindringt, reicht aus, den Boden einige Meter tief zu sättigen, während der warmen Jahreszeit steigt das Wasser dann wieder in die austrocknenden oberen Bodenschichten empor. Dieser Wasserumsatz ist vielleicht die charakteristischste Eigenschaft der Trockenböden.

Die Böden der Gebiete mit Wechselklima stehen daher während der kalten Jahreszeit unter humiden, während der warmen Jahreszeit unter ariden Bedingungen. Die lange Frostdauer der Winterzeit, die fast ebenso lange Zeit starker Austrocknung im Sommer setzen den Abbau der organischen Stoffe herab. Die hohe Pflanzenproduktion des Frühjahrs, sowie die mächtige Wurzelentwicklung, welche den herrschenden Arten trockener Böden eigentümlich ist, liefern reichlich organische Substanz, so daß es zur Bildung humusreicher Böden kommt. Wie in den meisten Fällen der Humusansammlung sind es auch hier die Wurzeln und unterirdischen Teile der Pflanzen, welche die Hauptmenge an organischen Stoffen zur Humusbildung liefern.

Ausschlaggebend für die Bodeneigenschaften ist die Sommerzeit, hierdurch bekommen die Böden vorwiegend den Charakter der Trockenböden.

Die geschilderten klimatischen Verhältnisse herrschen in Europa mehr oder weniger scharf ausgeprägt auf großen Länderstrecken von sehr einheitlicher Ausformung, so daß auf weiten Strecken gleichartige Böden gebildet werden.

Die bezeichnenden Bodenformen dieser Klimagebiete sind die **Steppenschwarzerden**, von denen die osteuropäische Schwarzerde, der **Tschernosem**, eingehend untersucht worden ist.

Der Tschernosem hat sehr weite Verbreitung und erstreckt sich, wenn auch mehrfach von Gebirgen unterbrochen, von der Mandschurei im Osten durch ganz Sibirien, Mittel- und Südrußland bis zu den Karpathen, findet sich in Rumänien, bedeckt in Ungarn erhebliche Flächen und reicht in kleineren oder größeren Inseln durch Mähren und Böhmen bis nach Mitteldeutschland

(Magdeburger Börde, Hildesheim)*). Gleichartige Böden finden sich in weiter Verbreitung in Nordamerika und einigen Teilen Südamerikas.

Die Steppenschwarzerden sind eine der ausgeprägtesten klimatischen Bodenformen, sie finden sich auf den verschiedensten Gesteinen und behalten gleichen Charakter und ähnliches Profil in allen Gegenden ihres weiten Verbreitungsgebietes.

Der Tschernosem ist stark humushaltig; der Humus ist ohne erkennbare organisierte Struktur dem Mineralboden gleichmäßig beigemischt. Als mittlerer Humusgehalt der Böden gelten etwa $6\,^0/_0$, vielfach ist die vorhandene Menge größer und steigt örtlich bis zu 12 und mehr Prozent.

Der Boden ist locker, stark gekrümelt; die Färbung ist tiefschwarz; nach der Tiefe nimmt der Humusgehalt ab. Die humosen Bodenschichten sind von großer Mächtigkeit, 70 cm bis 1 m sind häufig. Der Unterboden (A_2 der russischen Forscher) ist ungleichmäßig gefärbt, dunkle Adern und Flecken finden sich neben der meist hellen, bräunlichen oder gelbbraunen Färbung der tieferen Gesteine. Die humose Bodenschicht geht ohne scharfe Grenze in das Grundgestein des tieferen Bodens über.

In wechselnder Tiefe im Boden finden sich Ausscheidungen von Kalkkarbonat, die oft als Konkretionen ausgebildet sind, unterhalb des Karbonats liegt in der Regel ein gipsführender Horizont. Zu den Kennzeichen des Tschernosems ist noch das häufige Vorkommen von Höhlen erdbewohnender Tiere zu rechnen, die lange erkennbar bleiben, da sie zumeist sekundär mit Erde von abweichender Färbung erfüllt sind.

Der Gehalt des Tschernosems an säurelöslichen Bestandteilen ist hoch. Analysen der Schichten der Bodenprofile zeigen, daß Umlagerungen im Boden nur in geringem Grade stattfinden und zumeist nur Kalkkarbonat und Kalksulfat betroffen haben.

Als Beispiele für die gleichbleibende Zusammensetzung der verschiedenen Schichten der Tschernoseme mögen folgende von K. Glinka auf karbonat- und humusfreien Mineralböden berechneten

---

*) Die Schwarzerden dringen auf Löß am weitesten in die humiden Gebiete vor, ähnlich wie Roterde auf Kalk in die kühleren, Podsol auf Sand in die wärmeren Lagen vordringt. Es ist anzunehmen, daß die hohe Beweglichkeit des Wassers im Löß die Schwarzerdebildung begünstigt.

Zahlen dienen.[64]) Sie geben zugleich einen Einblick in die hohen Gehalte der Trockenböden an Pflanzennährstoffen.

Tschernosem.

	Tobolsk		Sibirien		
	A	C	A_1	A_2	C
SiO_2 . .	71,74	71,73	65,55	65,45	65,53
Al_2O_3 .	15,19	14,81	17,84	19,22	18,56
Fe_2O_3 .	5,30	5,59	6,84	6,00	6,84
CaO . .	1,70	2,07	3,84	2,99	3,05
MgO . .	1,97	2,77	2,30	2,44	2,31
K_2O . .	1,87	1,78	2,47	2,29	2,45
Na_2O . .	1,79	2,20	1,54	1,69	1,57

In den Grenzgebieten des Tschernosems bekommt die schwarze Färbung des Bodens einen grauen oder graulichen Ton, der um so mehr hervortritt, je arider die klimatischen Bedingungen werden. Es ist wahrscheinlich, daß diese Graufärbung mit der Bildung von Soda im Boden in Beziehung steht; wie ja auch die grauen Steppenböden ihre Färbung der Einwirkung von Soda verdanken.

Auch an den Grenzen zu humideren Gebieten, in Rußland zu den nordischen Grauerden, treten graue Färbungen auf, die im „degradierten Tschernosem" herrschend werden und auf Enteisenung durch sauer reagierende Humusstoffe zurückzuführen sind und zu den Bleicherden hinüberleiten.

Die Prärieböden Nordamerikas werden von den amerikanischen Forschern in eine Anzahl geographischer Gruppen geteilt.[65]) Im allgemeinen entsprechen die Prärieböden den Schwarzerden Europas, mit denen sie gleiches Profil und gleiche Eigenschaften haben. Es bedarf aber wohl noch weiterer Gliederung, ehe volle Gleichstellung mit den einzelnen Bodenformen der alten Welt möglich ist.

In großer Ausdehnung kommen in den westlichen Prärien braun bis rotbraun gefärbte Böden vor, die nach den Beschreibungen den „kastanienbraunen" Böden Südrußlands und Mittelasiens entsprechen, an die sich dann graue Steppenböden anschließen. Im nordamerikanischen Steppenbödengebiet scheinen anstehende kristallinische Gesteine nicht vorzukommen, wohl aber finden sich Steppenschwarzerden auf Sandsteinen und Schiefern und in großer Ausbreitung auf Löß, Lehm und Ton. Oft bleibt es zweifelhaft, ob die Einordnung der europäischen Einteilung entspricht. Es wird z. B. für die Oklohama-Gruppe der Prärieböden angegeben, daß der Oberboden rot bis fast schwarz, der Unterboden in den meisten Fällen rot, der Untergrund stets rot gefärbt ist. Auf Kalk finden sich dunkel- bis schokoladenbraune Böden auf rotem Untergrund usw.

Kastanienbraune Böden.

An die osteuropäisch asiatischen Schwarzerden schließt sich nach Süden eine ausgedehnte Zone, durch humose Stoffe braungefärbter Böden an, die nach ihrer Färbung als „kastanienbraune Böden" bezeichnet werden. Zumal in den asiatischen Grenzgebieten der Schwarzerden sind die braunfarbigen Böden verbreitet; Böden mit gleichen Eigenschaften finden sich in der Walachei*) und einzelnen Teilen Ungarns.

Die kastanienfarbigen Böden reihen sich dem Tschernosem an, den sie in den trockeneren Gebieten vertreten. Zunehmende Trockenheit vermindert den Pflanzenwuchs und zugleich geht die Humusmenge in den Böden zurück. Die humosen Stoffe weichen in ihrer Beschaffenheit von dem Humus der echten Schwarzerden nicht unerheblich ab; die Färbung der organischen Bestandteile im Boden ist gelbbraun bis tiefbraun, schwarze Humusstoffe fehlen. Bei dem ungenügenden Stande der Kenntnisse der Humuskörper ist es als Tatsache hinzunehmen, daß unter den gegebenen klimatischen Bedingungen der Verlauf der Zersetzung der organischen Reste von den Vorgängen in feuchteren Gebieten abweicht und andere Formen des Humus entstehen. Die Böden sind reich an Karbonaten, deren Ausscheidung oft bis zur Bodenoberfläche reicht, so daß der Boden bei Befeuchtung mit Säuren aufbraust. Die für weniger trockene Gebiete geltende Regel, daß in kalkhaltigen Böden dunkele, schwarze Humusstoffe gebildet werden, gilt also für diese Trockengebiete nicht.

Die kastanienfarbigen Böden haben mäßig lockeren Oberboden, nach der Tiefe zu ist die ganze Bodenmasse von Spalten durchzogen, so daß der Boden bei Einschlägen in prismatische Stücke von wechselnder Größe zerfällt. Der Untergrund ist reich an Kalkkarbonat und dadurch hell, vielfach weißlich gefärbt.

---

*) G. Murgoci, Rap. ann. al institute geol., Nr. 1, Bukarest (1907).

Der Oberboden des Tschernosems und der kastanienfarbenen Böden hat geringen Gehalt an wasserlöslichen Stoffen, dagegen sind die Grundwässer meist salzhaltig, schwach bis ausgesprochen brakisch. Es ist eine ziemlich scharfe Scheidung zwischen dem salzarmen Wasser des Bodens und salzreichem Grundwasser vorhanden.

Verf. hatte Gelegenheit, bei Tschernomorje in Taurien diese Verteilung kennen zu lernen. Um eine salzreiche, feuchte, mit Tamarix taurica bestandene flache Senke waren Eichen gepflanzt, deren Wuchs mit der Höhenlage des Bodens zunahm. Es schien hier Gelegenheit gegeben, die Grenzwerte des Salzgehaltes festzustellen, welche die Eiche noch zu ertragen vermag. Einschläge zeigten, daß der Grundwasserstand überall gleiche Höhe hatte und der Höhenlage der Wasseransammlung unter dem Tamarixgebüsch entsprach; es handelte sich also hier um Zutagetreten von Grundwasser. Der Wuchs der Eichen in der Umgebung wurde um so günstiger, je mächtiger die Bodenschicht über dem Grundwasser war. Die Böden zeigten bei späterer Analyse etwa gleichen niederen Gehalt an wasserlöslichen Bestandteilen. Es lag also auch hier ein Fall der verbreiteten Erscheinung vor, daß salzarmes Bodenwasser auf salzreichem Grund- oder Tiefenwasser schwimmt, ohne daß eine erhebliche Mischung zwischen beiden auftritt. Die Diffusion der Salze im Boden verläuft zu langsam, um Ausgleich herbeizuführen.

K. Glinka rechnet die kastanienfarbenen Böden bereits zur „Halbwüste"; nach dem, was Verf. davon gesehen hat, scheint es ihm zweckmäßiger, im Gebiete der kastanienfarbenen Böden eine Form der Steppenböden und zwar eine gut abgegrenzte Unterabteilung der humosen Steppenböden zu sehen. Es ist immer schwierig, einen dehnbaren Begriff, wie den der „Halbwüste", abzugrenzen; für die Bodenbildung würden die „Halbwüstenböden" mit dem Auftreten von Kalkkrusten und ähnlichen Abscheidungen beginnen.

Mit fortschreitender Zunahme arider Verhältnisse nach den inneren Teilen Mittelasiens treten braun gefärbte Böden auf, die von K. Glinka als Braunerden bezeichnet werden.[66]) Trotzdem der Gehalt dieser Böden an Humus zumeist nur 1 bis 2 % beträgt, reicht er doch aus, den Böden bräunliche Färbung zu geben. Diese Böden schließen sich an die humosen Steppenböden an, deren humusärmste Form sie sind.

Es wird sich empfehlen, für die durch braune Humusstoffe gefärbten Trockenböden nicht die Bezeichnung „Braunerden" zu gebrauchen, sie sind grundverschieden von den durch Eisenoxydhydrat gefärbten mitteleuropäischen Braunerden. Glinka tritt für die Selbständigkeit der von ihm als humose Braunerden bezeichneten Bodenform ein, da sie unter stärker ariden Verhältnissen gebildet wird als die übrigen humosen Steppenböden. Nach den vorliegenden Mitteilungen scheint die Abgrenzung zwischen kastanienfarbenen Böden und den Steppenbraunerden Glinkas nicht scharf zu sein, sondern der Übergang scheint sich schrittweise zu vollziehen. Ist dies der Fall, so würde es sich um eine Unterabteilung der kastanienfarbigen Böden handeln.

Die humosen Steppenböden sind eine Reihe von Böden, die, unter Wechselklima gebildet, dem immer stärker sich ausprägenden ariden Klima des Sommers ihre Eigenschaften hauptsächlich verdankt. Gleichzeitig nimmt die absolute Höhe der Niederschläge ab, so daß auch hierdurch die Trockenheit der Gebiete gefördert wird. Die humosen Steppenböden unterscheiden sich von der zweiten Reihe der Steppenböden, den Steppenbleicherden, durch geringen Gehalt an löslichen Salzen in den oberen Bodenschichten sowie durch den geringen Einfluß, den das Natriumkarbonat, die Soda, auf die Eigenschaften der Böden übt. Spuren von Soda müssen in allen kalkreichen Böden gebildet werden und sie machen sich kenntlich durch die enteisenende, ausbleichende Wirkung der Soda in humushaltigen Böden. Bereits beim Tschernosem treten schwach graue Farbentöne auf, sie werden stärker mit wachsendem Trockenklima und führen endlich zur Bildung von Bleicherdeformen, zur Steppenbleicherde oder grauen Steppenböden, welche in weiten Strecken arider Gebiete die vorherrschende Bodenform sind.

Steppenbleicherden.

Zu den augenfälligsten Erscheinungen der Bodenbildung gehört das Ausbleichen des Oberbodens, d. h. die Ausfuhr des Eisens. Bisher sind drei Vorgänge bekannt, welche zur Enteisenung der Böden führen:

1. Die Einwirkung sauer reagierender, kolloid aufquellender Humusstoffe, welche die Bildung der nordischen Bleicherden bedingt.

2. Die Einwirkung kolloid aufquellbarer humoser Stoffe in alkalisch reagierenden, sodahaltigen Böden; sie führt zur Bildung der Steppenbleicherden.

3. Die Einwirkung starker Mineralsäuren, besonders der Schwefelsäure; ein Vorgang, der gegenüber den beiden ersten zurücktritt, aber wahrscheinlich für Entstehung von Ortsböden größere Bedeutung hat als man ihm zurzeit beizulegen pflegt.

Man darf annehmen, daß Ausbleichung der Oberböden unter Einfluß alkalischer Humuslösungen in allen Trocken- und Feucht-Trockengebieten stattfindet, wenn auch die Stärke der Einwirkung in weiten Grenzen schwankt; auf Kalkböden sind die Voraussetzungen des Vorganges auch im gemäßigt humiden Klima gegeben. Ist die Konzentration der Bodenlösung an Soda sehr gering, so wird die Enteisenung dem Auge unbemerkbar bleiben, mit steigender Menge werden die Böden schwach graue Farbentöne annehmen und erst bei verhältnismäßig hoher Konzentration wird vollständige Umlagerung des Eisens hervortreten. Das Verhalten der Tschernoseme entspricht diesen Voraussetzungen; je arider das Klima, um so ausgesprochener wird bei ihnen, zumal in trockenem Zustande, eine graue Tönung der Farbe, bis in den Steppenbleicherden die Sodawirkung zur völligen Ausbleichung der Böden führt.

Unter Einfluß der Alkalikarbonate wird die Krümelung der Böden zerstört und Lagerung in Einzelkornstruktur herbeigeführt. Man schreibt diese Wirkung gebräuchlicherweise den Hydroxylionen der alkalischen Lösungen zu, ob mit Recht, ist zweifelhaft. Die sehr wenig dissoziierte Ammonlösung wirkt stark aufschlämmend, während die stark dissoziierten Lösungen der Hydrate der Erdalkalien auch bei sehr niederer Konzentration zu den wirksamsten bekannten Flockungsmitteln aufgeschlämmter Böden gehören.

Tatsache ist, daß Gehalt an Soda Dichtlagerung der Böden herbeiführt; dagegen wirkt das saure Natriumkarbonat nur wenig ein. In den tieferen Bodenschichten findet sich unter dem Einfluß des höheren Gehaltes der Bodenluft an Kohlensäure vorwiegend saures Natriumkarbonat. Im Boden tritt daher für die Sodawirkung eine Dreiteilung ein. Im Oberboden wird Humus kolloid gelöst, Eisen und Tonteile werden beweglich und können durch einsickerndes Wasser mitgeführt werden. Im Unterboden bildet sich bereits saures Karbonat, hierdurch wird Ausfällung der kolloiden Lösung herbeigeführt und im Boden reichern sich tonige Teile und humose Stoffe an. Es bleibt immer noch genug Natriumkarbonat erhalten, um im Boden sehr dichte Lagerung herbeizuführen, aber nicht genug, um die aufschlemmbaren Bestandteile beweglich zu erhalten. Im Untergrunde herrscht das saure Natriumkarbonat gegenüber Soda soweit vor, daß der Boden in lockerer Lagerung verbleibt.

Die Sodawirkung im Boden läßt sich zusammenfassen: Bei geringem Gehalte Zerstörung der Krümelung und Verdichtung der oberen Bodenschicht; bei höherem Gehalte Herausbilden einer stark verdichteten Mittelschicht unter Verarmung des Oberbodens an kolloid aufschlämmbaren Bestandteilen.

Bei geringem Sodagehalte sind die Böden dicht gelagert, sie brechen beim Pflügen in groben Schollen, wie dies z. B. bei den ungarischen schweren Böden häufig der Fall ist. Enthalten die Böden reichlich Humus, so unterscheiden sie sich von den Steppenschwarzerden durch dichte Lagerung und Mangel an Krümelstruktur. Bei geringem Gehalte an Humus oder höherem an Soda bleichen die oberen Bodenschichten aus, es sind dann ausgesprochene Steppenbleicherden.

Steppengrau- oder -Bleicherden sind vorherrschend die Böden Mittelspaniens; Glinka beschreibt sie aus Turkestan und Transkaukasien; in Nordamerika finden sie sich weit verbreitet im ariden Westen und bedingen dort den vorherrschend grauen Farbenton der Landschaft.

Die grauen Steppenböden leiten über zu den Salzböden; Bodenarten mit wechselndem, aber stets reichlichem Gehalt an wasserlöslichen Salzen.

Salzböden.

Die salzhaltigen Böden sind in neuerer Zeit mehrfach untersucht worden; ihr Vorkommen hängt stark vom Grad der Drainage ab, so daß es vielfach örtliche Bedingungen sind, welche entscheiden, ob ein Boden Salz führt oder nicht. Oft haben Senken und Tieflagen Salzböden, während nur wenig höherliegende benachbarte Böden frei von Salz sind. Die Ansammlung von Salz steht in enger Beziehung zum brakischen Grundwasser und zum

Ablauf der Oberflächenwässer, welche sich in den Senken ansammeln. Die Salzböden bedecken in den verdunstungsreichen
Gebieten weniger zusammenhängende breite Flächen als vielmehr
Flecken und zur Wasseransammlung günstige Ortslagen. Glinka
bemerkt mit Recht, „diese Böden entstehen gewöhnlich in gleicher
Reliefform wie Moor- und Wiesenböden in den an Feuchtigkeit
reichen Gegenden“.

Salzböden sind daher vielfach Ortsböden; die Veränderungen,
welche durch Einwirkung der Salze in den Böden auftreten, sowie
die Abhängigkeit der Salzansammlung von klimatischen Bedingungen gestatten jedoch, die Salzböden den klimatischen Bodenbildungen einzureihen.

Die Salzböden sind sehr mannigfaltig, ihre Färbungen wechseln
stark und können mit der Farbe des umliegenden Bodens über-
einstimmen, wenn auch im allgemeinen graue Farben vorherrschen.
Bezeichnend für die Salzböden ist: hoher Gehalt an wasserlöslichen
Salzen, alkalische Reaktion der Bodenlösung und Verdichtung des
Unterbodens (Horizont B).

Die Salze der Salzböden wechseln nach Menge und Zusammensetzung in weiten Grenzen. Von den Salzen übt Soda weitaus
die stärkste Wirkung auf den Boden aus. Diese Einwirkung ist
bei den grauen Steppenböden bereits besprochen; sie beruht auf
dem wechselnden Gleichgewicht von Natriumkarbonat, Natriumhydrokarbonat und dem Kohlendioxydgehalt der Bodenluft. Mit
Zunahme an Kohlendioxyd sinkt die Hydrolyse des Natriumkarbo-
nates, also sein Zerfall in Kohlensäure und Natriumhydroxyd, so
daß in den tieferen Bodenschichten überwiegend das saure Salz
vorhanden ist, welches beim Aufsteigen im Oberboden in Natriumkarbonat, Kohlendioxyd und Wasser gespalten wird.

Der Verlauf der Umsetzungen ist daher folgender: Während
der Trockenzeit steigt das Natriumhydrokarbonat enthaltende Bodenwasser auf; das saure Natriumsalz zerfällt an der an Kohlendioxyd
armen Luft des Oberbodens, es bildet sich Soda, die aufschlämmend und auf die organischen Teile lösend einwirkt. Erfolgen
Niederschläge, so dringt die kolloide Lösung von Humus-Ton-
Soda in den Boden ein, trifft im Unterboden auf kohlendioxyd-
reichere Bodenluft, es bildet sich saures Natriumkarbonat und die
nur in Soda löslichen Kolloidstoffe fallen aus und verdichten den
Unterboden zu einer zähen, wasserundurchlässigen Masse. Der

Oberboden bleibt als kieselsäurereiche, an Ton, Eisen und Humus verarmte Schicht zurück, die von dem zähen zusammenhängenden Unterboden scharf getrennt ist. Trocknet der Boden aus, so bildet der Oberboden leichte (nach dem Gewicht), zerreibliche Massen, die oft geschichtet oder mit runden Gasporen durchsetzt sind. Der tonreiche Unterboden zerspaltet dagegen beim Austrocknen in prismatische, oft säulenförmig angeordnete Stücke. Je höher der Gehalt an Soda ist, um so schärfer tritt die Schichtung im Bodenbau hervor. Hoher Gehalt an Chloriden und Sulfaten schwächt die Sodawirkung ab.

Die Salzböden sind überall in ähnlicher Weise gebaut. Die russischen Forscher unterscheiden zwei Formen der Salzböden: Solutschak, Böden mit schwächerer Sodawirkung ohne säulenförmigen Unterboden, und Solonetz mit säulenförmigem (oder klumpigem unregelmäßigen) Bau des Unterbodens.

Die ungarischen Salzböden zeigen den beschriebenen Bau. Die schweren tonreichen Formen werden dort als Sikboden, ungarisch als Szekboden bezeichnet.

Sehr große Ausdehnung haben die als „alcali lands“ bezeichneten Salzböden in Nordamerika; westlich des 99. Breitegrades werden sie häufig. Über die amerikanischen Salzböden liegen zahlreiche Untersuchungen vor. Je nach Vorkommen von Soda werden die Böden in Schwarzalkali- oder Weißalkali-Böden unterschieden. Der Name bezieht sich auf die Färbung der ausbleichenden Salze. Die verdichtete Schicht des Unterbodens wird als hardpan (Bodensohle) bezeichnet.

Die Hauptmenge der in Salzböden auftretenden Salze besteht aus Gemischen von Chloriden, Sulfaten und Karbonaten des Natriums, Magnesiums und Kalziums. Gelegentlich herrschen einzelne Salze vor. Die Menge des Salzes in den Böden wechselt in weiten Grenzen. In der Regel hat der verdichtete Unterboden den höchsten Gehalt an löslichen Salzen. Im Laufe des Jahres kann der Salzgehalt in den einzelnen Bodenschichten verschieden sein, es hängt dies vorwiegend mit der Wasserbewegung im Boden zusammen. Von großem Einfluß ist der Stand des Grundwassers. Die Grundwässer sind brakisch; je höher sie anstehen, um so reichlicher ist die Überführung von Salzen in die oberen Bodenschichten infolge Verdunstung und Aufstieg des Wassers. Wird die Kristallisationskonzentration erreicht, so blühen die Salze an der Oberfläche aus. In Bewässerungsgebieten ist vielfach der Grundwasserstand gestiegen, so daß in früher salzfreiem Boden Ausblühungen auftreten. Diese Erfahrung ist in Nordamerika, Indien (Salzausblühungen dort Reh genannt) und in neuerer Zeit auch in Ägypten gemacht worden. Es sind oft beträchtliche ökonomische Werte, welche durch das Auftreten der Salzausblühungen geschädigt werden.

Subtropische Böden.

Die subtropischen Böden sind bisher wenig untersucht. Es sind namentlich drei Bodenformen, welche nach den bisher veröffentlichten Arbeiten zu unterscheiden sind: Roterden, subtropische Schwarzerden und Rindenböden.

Den Übergang zwischen den warmen gemäßigten und subtropischen Böden bilden die als Gelberden bezeichneten gelben Böden, die aus Südfrankreich bekannt wurden und sich auch im Atlas und in Japan finden. Untersuchungen über diese Bodenformation, die zu den Roterden hinüberleiten, liegen noch nicht vor.

Die subtropischen Roterden sind von den Karstroterden zu trennen, die an Kalkgesteine gebunden sind, während die subtropischen Roterden auf verschiedenen Gesteinen auftreten. Die leuchtend rot gefärbten Wüstensande zeigen um jedes Sandkorn eine dünne eisenreiche Lage, welche durch mechanische Mittel nicht entfernt werden kann, sich aber in Salzsäure löst.

Die Stellung der subtropischen Roterden im System der Bodenarten ist unsicher. Verf. sah in Spanien Roterden mit Horizonten von Kalkkonkretionen, also Vorkommen, welche auf halbaride oder aride Bildungsbedingungen schließen lassen. Anderseits sprechen manche Eigenschaften für halbfeuchte Entstehung.

Die Roterden sind arm an Humus und organischen Stoffen, deren Mangel die reinen leuchtenden Farben der Böden bedingt. Hohe Temperatur während des Sommers und gemäßigte während des Winters veranlassen beschleunigten Abbau der organischen Stoffe, so daß Ansammlung von Humus unterbleibt oder doch nur in beschränktem Maße stattfinden kann.

Das Vorkommen der subtropischen Roterden ist verbreitet, sie fehlen wohl in keinem Gebiete dieses Klimas; leider sind Untersuchungen über Bau und Analysen von Bodenprofilen bisher nicht veröffentlicht, erst erweiterte Untersuchungen werden Auskunft geben.

Die subtropischen Schwarzerden. Im subtropischen Gebiet finden sich in verschiedenen Ländern, aber unter ähnlichen klimatischen Bedingungen Schwarzerden in oft beträchtlicher räumlicher Ausbreitung. Die bekanntesten Vorkommen sind der Regur Indiens und die Schwarzerde Maroccos. Es werden ferner Vorkommen in Südspanien und in Calabrien angegeben. Die Stellung der Böden der südlichen Prärien Nordamerikas ist noch nicht untersucht; sie können sowohl hier einzuordnen sein als auch den Steppenschwarzerden der gemäßigten Zonen angehören.

Einige Auskunft besitzt man über den Regur Indiens, der halbtrockenen Bildungsbedingungen unterliegt. v. Richthofen (Führer f. Forschungsreisende) wies darauf hin, daß im waldlosen Regurgebiet scharfer Wechsel zwischen Trockenzeit und Regenzeit herrscht. Regur kommt auf verschiedenen Gesteinen (Basalt, Kalk, Gneiß) vor und erweist sich schon hieraus als klimatische Bodenbildung, die in Indien mindestens 200000 engl. Quadratmeilen Fläche bedeckt, sich aber auch in Einzelvorkommen findet, „die sich ausgezeichnet scharf von den umgebenden roten Böden abgrenzen"*).

Die Färbung des Regurs wechselt zwischen schwarzgrau und tiefschwarz.

Im nassen Zustande ist der Boden knetbar, zerfällt aber nach dem Trocknen schon bei leichtem Druck in feine Krümel. Die dunkle Färbung wird durch organische, an Kohlenstoff reiche Stoffe verursacht, die sich durch schwere Angreifbarkeit von dem Humus anderer Klimate unterscheiden. (Auf Basalt nimmt auch Titaneisen als färbender Bestandteil an der Zusammensetzung des Bodens Anteil.)

Bezeichnend für diese Böden sind die starken Volumenveränderungen bei verschiedenen Wassergehalten. In der Trockenzeit bilden sich im Regur oft 12 bis 15 cm breite und 1 bis 2 m tiefe Spalten.

In Marocco sind Schwarzerden entlang der atlantischen Küste verbreitet, sie werden als tîrs bezeichnet und nehmen die Tieflagen ein, während die höher gelegenen Gebietsteile Roterdon

---

*) Mem. of the Dep. of Agricult. in India, II, S. 272 (1912).

(hamri) führen. Der Gehalt an Humus (2,5 bis 3 %) ist gering. Nach den vorliegenden Beschreibungen stimmen diese Böden mit dem Regur Indiens im Bau und Beschaffenheit überein*).

In Nordamerika gehören die „Prärieböden der Gulfgruppe" wahrscheinlich zu den subtropischen Schwarzerden; sie stimmen wenigstens nach der Beschreibung damit . besser überein als mit den Schwarzerden der gemäßigten Zonen. Die physikalischen Eigenschaften, zumal die tiefgehende Spaltenbildung in der Trockenzeit, werden angegeben. Beim Austrocknen brechen Stücke des Oberbodens ab und fallen in die Spalten. Die Volumenvermehrung bei folgendem Regen führt zu Aufpressungen des Bodens, die zur Bildung flacher Gruben führen, die oft 30 cm tief und meterbreit sind. Ihre Ähnlichkeit mit den Kesseln von Schweinen hat diesen Gebieten die wohl mehr charakteristische als poetisch schöne Bezeichnung als pig-wallowsland eingetragen.

Rindenböden, Krustenböden sind bisher vorwiegend aus den südlichen Mittelmeerländern beschrieben worden. Unter dem Einfluß des austrocknenden Klimas steigt die Bodenflüssigkeit rasch und bis zur Oberfläche des Bodens; die löslichen und zersetzbaren Stoffe scheiden sich aus und bilden oft dicke Rinden auf dem früheren Mineralboden. In den Rinden herrscht Kalkkarbonat vor, aber auch Gips und eisenreiche Oberflächenschichten fehlen nicht**).

In den Wüsten bilden sich oft Schutzrinden an den Oberflächen der Gesteine, die als Wüstenlack bezeichnet werden, für die Bodenkunde haben sie infolge geringer Dicke der Schicht geringe Bedeutung.

Rindenböden finden sich in allen Halbwüsten, fehlen aber auch den Wüsten nicht. Im allgemeinen erreichen die Rindenböden ihre größte Mächtigkeit in klimatisch mittleren Lagen und nehmen sowohl nach humideren Gebieten wie nach den ausgesprochenen Trockengebieten der Wüste ab.

Die Wüstenböden sind bisher wenig untersucht. Die Färbung des Bodens scheint überwiegend von der Farbe des Grundgesteins abhängig zu sein. M. Blanckenhorn bemerkt, daß gelbgraue, gelbweiße, gelbrote oder schneeweiße Färbungen

---

*) Th. Fischer und A. Schwanthe, Z. prakt. Geol., 18, S. 105 (1910).
**) Vgl. S. Passarge, Verh. 17. Geographentages, Lübeck, 1909, S. 102.

gegenüber rot vorherrschen*). In den Wüsten ist die chemische
Verwitterung überwiegend auf die häufig von Tau benetzten Teile
der Gesteine beschränkt. Hohe Temperatur und starke Verdunstung führen dazu, daß die sich bildenden löslichen Salze bereits unter der Oberfläche des Gesteins auskristallisieren, so daß
eine dünnere oder dickere Schicht wenig oder nicht angegriffenen
Gesteins erhalten bleibt, während die tieferen Lagen bereits zermürbt sind. Zerbricht die feste Oberfläche, so kann der Wind
die Binnenschicht ausblasen. Es mag bemerkt sein, daß diese
„Wüstenverwitterung" auf Ortsböden auch im gemäßigten Klima
auftreten kann, es findet dies z. B. auf den Quadersandsteinen des
Elbsandsteingebietes[68]) und auf manchen, Sonne und Wind frei
ausgesetzten, Buntsandsteinen statt. Hohe ökonomische Bedeutung
hat der Vorgang für die Haltbarkeit von Bausteinen, die dem an
freier Schwefelsäure reichen Rauche der Heizgase ausgesetzt einer
„Wüstenverwitterung in kleinster örtlicher Ausdehnung" unterliegen.[69])

Die Bodenarten der Tropen.

Die wissenschaftliche Untersuchung der tropischen Böden hat
erst begonnen und hat gezeigt, daß größere Verschiedenheit der
Bodenformen vorhanden ist als früher angenommen wurde. Gebiete von ungeheurer Ausdehnung, so die großen Waldgebiete im
Innern Afrikas und Südamerikas sind in bezug auf ihre Böden
ganz oder nahezu unbekannt. Die Tropen zeigen große Wirkung
der verwitternden Einflüsse gegenüber den anderen Klimaten. Die
hohe Temperatur steigert die chemischen Wirkungen und die
Höhe der Niederschläge bei starker Verdunstung ergibt einen gewaltigen Wasserumsatz. Hierzu kommt noch der Einfluß des
Alters der Böden. Viele tropische Gebiete sind altes Festland;
ist auch die Abfuhr der Verwitterungsprodukte durch Wasser
hoch, so fehlte doch die ausfegende Wirkung der diluvialen Eiszeit, die den Boden der nördlichen Halbkugel umgestaltete. In
den Tropen bieten die Erhebungen der Gelände über dem Meeresspiegel viel mannigfaltigere Bedingungen der Bodenbildung als
die Gebirge der höheren Breiten. Z. B. sind im 50. n. Breite-

---

*) Geol. Zentralbl., 1909, S. 345; vgl. Joh. Walter, Gesetz der Wüstenbildung, 1912.

grad vom Meeresspiegel bis zur Schneegrenze zwei, höchstens drei klimatische Abschnitte, während in den Gebirgen niederer Breiten die Bedingungen aller Klimate gegeben sind. Große Teile der Tropen stehen unter dem Einfluß des Klimawechsels, dem mit seinen Regen- und Trockenzeiten für die Bodenbildung mindestens dieselbe Bedeutung zukommt wie dem Wechsel von Sommer und Winter unter höheren Breitegraden.

Der Unterschied zwischen heißem und gemäßigtem Klima tritt bedeutsam in bezug auf die Humusbildung hervor. Der Abbau der organischen Reste verläuft unter gleichmäßig hohen Temperaturen rasch und führt dazu, daß namentlich die oberen Bodenschichten humusarm sind. Die Bildung organischer Substanz ist in den fruchtbaren Gebieten der Tropen hoch; es hängt daher von dem Gleichgewicht zwischen Bildung und Zersetzung der organischen Stoffe ab, ob humusarme oder humushaltige Böden entstehen. Bei starker Auswaschung und auf Böden mit geringem Gehalt an basischen Stoffen können auch unter den Tropen im Boden kolloid aufquellbare Humusstoffe auftreten, die dann in ähnlicher Weise zur Ausbleichung der Böden führen müssen, wie es aus der Bildung der nordischen Bleicherden bekannt ist. Über den Einfluß der Pflanzendecke auf das Bodenklima, der zumal im tropischen Urwalde sehr groß sein muß, ist noch nichts bekannt geworden.

Zur Beurteilung der Frage, ob unter den Tropen Bleicherden in größerem Umfange vorkommen, kann die Beschaffenheit der Flußwässer dienen. Alle Flüsse der Bleicherdegebiete führen dunkles, durch humose Stoffe gefärbtes Wasser (Schwarzwässer), es sind Schwarzwasserflüsse. Die tropischen, aus großen Waldgebieten gespeisten Flüsse führen Schwarzwasser. Dies gilt besonders für die Ströme Innerafrikas und in vielleicht noch weiterem Umfange für die Südamerikas. Es ist daher wahrscheinlich, daß die Böden der geschlossenen tropischen Urwälder in großem Umfange Bleicherden sind, die dann als tropische Bleicherden zu bezeichnen sind.

Die herrschenden Bodenformen der Tropen sind Laterite und Roterden.

Laterit.

Die Bezeichnung Laterit (later = Ziegelstein) stammt von Buchanan, der sie einer eisenreichen indischen Bodenform gab, die in Stücken herausgestochen und an der Sonne getrocknet den Eingeborenen als Baumaterial diente. Die Bezeichnung Laterit wurde später auf alle an Eisenoxydhydrat und Tonerde reichen tropischen Böden übertragen. Erst in neuester Zeit begann man schärfer zu sondern, aber trotz zahlreicher Arbeiten sind die Anschauungen über Laterit und Lateritbildung noch nicht geklärt. Die Auffassungen stehen sich vielfach schroff gegenüber und selbst die Frage, ob die Lateritbildung noch zur Jetztzeit fortschreitet oder geologisch betrachtet, bereits abgeschlossen ist, bedarf noch der Entscheidung.

Nach den Beschreibungen ist Laterit ein erdiger, wasserdurchlässiger Boden von ziegel- bis karminroter oder gelbbrauner Färbung, zuweilen mit heller gefärbten bis weißlichen Flecken. Laterit sieht tonähnlich aus, unterscheidet sich jedoch durch seine nichtplastische Beschaffenheit, so daß er leicht zwischen den Fingern zerrieben werden kann, von den echten Tonen. Der Bau der Laterite ist zellig, weichere Teile sind von einem grobzelligen Netzwerk umschlossen. Reichern sich diese härteren Teile an Eisen an, so gehen sie häufig in ausgesprochene Eisenkonkretionen über, oft mit glänzender, schlackenartiger Oberfläche.

Die Laterite sind stark ausgewaschene Böden, deren Gehalt an Sesquioxyden, also Eisenoxydhydrat und Tonerdehydrat, erhalten geblieben und vielleicht erhöht worden ist. Das Eisenoxydhydrat verbleibt im amorphen Zustande; Tonerdehydrat kristallisiert vielfach aus und findet sich als Hydrargillit $(Al_2H_2O_4)$ in mikroskopisch kleinen Kristallen. Wasserhaltige Tonerdesilikate (Tone) fehlen den Lateriten in der Regel nicht völlig, sie treten aber an Menge zurück. Bei der Lateritbildung bleibt Quarz unangegriffen dem Boden beigemengt, dagegen werden alle löslichen Bestandteile ausgewaschen. Die lösliche Kieselsäure ist oft bis auf wenige Prozente vermindert; Kalzium und Natrium sind meist nur in Spuren vorhanden, während Kalium und Magnesium in kleinen Mengen erhalten bleiben.

Laterite gehen aus der Verwitterung sehr verschiedener Gesteine hervor (Granit, Diorit usw.) und kennzeichnen sich dadurch als ausgesprochen klimatische Bodenform. Die Mächtigkeit der Laterite ist meist beträchtlich und erreicht oft Schichten von vielen Metern. Der Gehalt an Eisen nimmt in der Regel nach der Tiefe ab, die Färbung wird heller oder geht in gelb über.

Tropische Roterden. Rotlehme.[70]) Die Untersuchung der tropischen Roterden ist noch weniger vorgeschritten, als die der Laterite. Die Laterite haben in ihrem zelligen Bau eine kennzeichnende Eigenschaft, während die Roterden und Rotlehme nach ihrer Färbung angesprochen sind und ihr Vorkommen aus klimatisch stark abweichenden Gebieten gemeldet wird. Ausgesprochene Feuchtgebiete und Trockengegenden, sowie solche mit tropischem Klimawechsel führen „Roterden". Es ist daher sehr wahrscheinlich, daß „tropische Roterde" ein Sammelname für verschiedene tropische und subtropische Bodenformen ist, deren Unterscheidung noch aussteht.

Savannenböden. Savannen sind Baumsteppen; Gebiete, in denen die Bäume keinen geschlossenen Wald bilden, sondern mehr oder weniger vereinzelt stehen, während der zwischenliegende Boden von einer anderen Vegetation, meist Schilfgräsern, bedeckt ist.

Die Böden der Savannen sind erst in neuerer Zeit untersucht worden und haben für die klimatische Savanne selbständigen Charakter.[71])

Unter den afrikanischen Savannen sind für die Bodenform zwei Typen zu unterscheiden, die klimatische Savanne und zurückgegangene Waldböden.

Die klimatische Savanne kennzeichnet sich durch hohe Niederschläge in wenig Monaten, welche das ganze Gebiet in einen Sumpf verwandeln und den Boden tief durchnässen, und eine lange Trockenzeit, während der der Boden tief austrocknet.

Diesen Savannen stehen große Gebiete gegenüber, die klimatisch dem tropischen Urwald angehören und deren Böden unter dem Einfluß menschlichen Raubbaues ihre ursprüngliche Beschaffenheit verloren haben. Die meisten tropischen Böden sind arm an Pflanzennährstoffen, sie sind stark „düngerbedürftig". Die während des ganzen Jahres fallende Streu wird rasch zersetzt, die frei werdenden Nährstoffe werden von den Baumwurzeln aufgenommen, so daß eine verhältnismäßig geringe Menge von Nährstoffen für die hohe Produktion der tropischen Urwälder genügt. Der tropische Urwald arbeitet im ganzen mit niederem Nährstoffkapital bei raschem Umsatz. Unerhebliche Eingriffe in den Wald heilen, solange der Boden noch seinen alten Charakter behält, rasch wieder aus. Auch die Savannenfeuer vermögen dem geschlossenen Urwald wenig anzuhaben, Oberförster Metzger weist hierauf ausdrücklich hin.

Anders gestalten sich die Verhältnisse unter der Brandkultur der afrikanischen Bevölkerung. Um Feldnutzung zu ermöglichen, wird der Wald niedergebrannt. Die in den Pflanzen vorhandenen Nährstoffe werden dadurch löslich und gehen zum großen Teile dem Boden durch Auswaschung verloren. Lohnt die Ernte nicht mehr, so bleibt der Acker liegen, bedeckt sich wieder mit Wald und wird dann wiederum durch Brandkultur genutzt. Dies Verfahren wird wiederholt, so lange noch Ertrag zu erzielen ist. Durch dieses Verfahren wird nicht nur der Boden erschöpft, sondern auch die Organismen des Bodens werden mehr oder weniger vernichtet, der Zusammenhang zwischen natürlicher Pflanzendecke und Bodenorganismen ist aufgehoben. Durch wiederkehrende Freilage und Bodenentblößung werden die physikalischen Bodeneigenschaften geschädigt und keine erdlebende Tierwelt sorgt dafür, sie dauernd zu erhalten. Zumal Böden mit Eisenkonkretionen werden in der Oberschicht zu „eisenschüssigen, fest zuzammengekitteten Platten" (Metzger), die nur noch hohen Schilfgräsern die notwendigen Lebensbedingungen bieten. Steppenbrände sorgen dafür, daß dieser Zustand dauert. Der Waldboden ist in Steppenboden umgewandelt.

Es sind die gleichen Bedingungen, welche auch in unseren Breiten in früherer Zeit geherrscht und zum Rückgange der Böden geführt haben. Erst viel später, bei hoher Kultur und dauernd steigendem Werte des Bodens, setzt der Mensch mit seiner Arbeit ein, um den Boden in günstigeren Zustand überzuführen, wie ihn unsere Kulturböden haben.

Die Wirkungen des menschlichen Raubbaues wiederholen sich in ähnlicher Weise überall, ob es sich dabei um die früher übliche Brandkultur auf Moorboden, die Zerstörung der Wälder in den jetzt heidebedeckten Flächen Norddeutschlands, Skandinaviens oder Großbritanniens handelt, immer ist der Verlauf ähnlich. Die ursprünglich fruchtbaren Böden werden ungünstig verändert, so daß der Boden fortschreitend seine alte Beschaffenheit verliert und einen neuen Charakter annimmt. Wie in Deutschland Wald in Heide, Waldboden in Heideboden verändert ist, so ist in Afrika durch lange Zeiten fortgesetztes Waldschwenden Urwald in Savanne, Waldboden in Steppenboden umgewandelt worden.

Wesentlich andere Bedingungen finden sich in der „klimatischen" Savanne. P. Vageler hat eine die Bodenformen berücksichtigende Untersuchung afrikanischer Savannen gegeben. In der Mkatta-Ebene fallen die Bodengrenzen und die Grenzen der Pflanzenformationen zusammen. Hier fallen in der Zeit von Dezember bis März etwa 700 mm Regen und verwandeln den Boden in einen Tonbrei. Viele Erscheinungen deuten darauf hin, daß in der Regenzeit kräftiges Auswaschen des Bodens erfolgt; in der Trockenzeit tritt durch Aufwärtsbewegung des Wassers Zufuhr gelöster Stoffe ein, die, soweit aus Beschreibung und Analysen zu ersehen, hauptsächlich Eisenverbindungen betrifft. Alle Bedingungen Eisen beweglich zu machen sind gegeben. Die Durchwurzelung des Bodens muß stark sein, die Wurzeln erreichen vermutlich erhebliche Tiefen. Im ganz durchwässerten Boden werden daher erhebliche Reduktionen von Eisenverbindungen und ihre Überführung in lösliche Form stattfinden. In der Trockenzeit werden die gelösten Salze nach oben geleitet und kommen zur Abscheidung als Eisenoxydhydrat. In welchem Umfange und in welcher Form auch Tonerde an der Wanderung teilnehmen kann, ist noch unbekannt. Die Erfahrungen im Podsolgebiet und bei der Ortsteinbildung lassen annehmen, daß auch Aluminiumhydrate umgelagert werden. Vageler berichtet, daß auch in der Ugogo-Steppe die Verteilung der Bodenformen streng gesetzmäßig ist. Die Ebenen führen Steppen-Bleicherden, alle Hänge dagegen Roterden.

Die Savannenböden tragen vorwiegend den Charakter der Feuchtböden; die starke Umlagerung des Eisens, geringe von Kalk spricht hierfür; es sind hiernach Bodenformen tropischer Gebiete mit Wechselklima, das man als trocken-feucht bezeichnen kann.

In neuerer Zeit hat die Bodenforschung auf den holländischen indischen Inseln lebhaft eingesetzt und bereits wertvolle Ergebnisse gezeitigt. Die Böden auf Java, Sumatra und den anderen Inseln sind stark von der Höhenlage abhängig. Das Klima ist zumeist ausgesprochen humid. Rich. Lang macht auf die Ähnlichkeit der bodenbildenden Vorgänge in diesen warmen und niederschlagreichen Gebieten mit den Böden der feuchten Teile Europas aufmerksam.[72] Neben Roterden kommen Braunerden und Bleicherden vor. Laterit findet sich nur in tieferen Bodenschichten und geht unter den jetzt herrschenden klimatischen Bedingungen durch Verwitterung in Braunerde über. Viele Böden sind humusreich. In Höhenlagen von 2500 bis 3000 m treten reine Humusböden zum Teil in starken Schichten auf.

Die Literatur ist nicht arm an Analysen tropischer Böden, leider sind jedoch die meisten Veröffentlichungen schwer zugänglich. Die Analysen sind zumeist für praktische Zwecke ausgeführt und ergeben für die allgemeine Bodenkunde vielfach nicht genügende Auskunft, namentlich nicht über den Schichtenbau des Bodens.

VI. Übersicht der Bodeneinteilung.

Versuche, eine brauchbare, den wirtschaftlichen wie wissenschaftlichen Anforderungen genügende Einteilung der Bodenformen aufzustellen, sind auf sehr verschiedener Grundlage gemacht worden. Bei Beurteilung derartiger Bemühungen sollte man sich jederzeit den Zweck der Arbeiten klar machen: dem menschlichen Verständnis eine Übersicht über eine möglichst große Zahl von Tatsachen zu geben. Eine Einteilung auf verständiger Grundlage ist nicht richtig oder unrichtig, nicht wahr oder falsch, sondern sie ist mehr oder weniger zweckmäßig oder unzweckmäßig. Ein wissenschaftliches System kann man als Summe einer größeren Anzahl von Definitionen betrachten und es gilt für das Ganze, was für jeden Einzelfall gilt. Jede Definition ist ein auf kurze Formel gebrachter Ausdruck der derzeitigen wissenschaftlichen Erkenntnis, er wird und muß sich wandeln mit dem Fortschritt des menschlichen Wissens.

Es ist leider nicht überflüssig, darauf hinzuweisen, daß Definitionen, und dies gilt für jede Definition, Produkte des menschlichen Verstandes sind, geschaffen zur besseren Übersicht und zur erleichterten Einordnung gegebener Tatsachen in die herrschenden Anschauungen. Scholastische und wissenschaftliche Anschauungen treten in ihrem Gegensatz nirgends schärfer hervor als bei den Definitionen. Die scholastischen Auffassungen sind noch nicht völlig überwunden und herrschen oft noch in weitem Umfange auch in den Naturwissenschaften.

.Ein naturwissenschaftliches System wird danach zu beurteilen sein, ob es die bisher bekannten Tatsachen unter gemeinsamen Gesichtspunkten zusammenfaßt; erfüllt es diese Forderung, so ist es brauchbar; es wird um so höher einzuschätzen sein, je vollständiger alle Eigenschaften der einzuordnenden Dinge zur Anschauung gebracht werden. Dies kann nur geschehen, wenn das System dem Werden der Dinge entspricht, also auf genetischen Grundlagen aufgebaut ist. Damit ist auch Aussicht ·auf längere Dauer eines Systems gegeben, sowie daß es weiteren Ausbaues fähig ist, also gestattet, neues wissenschaftliches Gut zweckmäßig einzuordnen.

Die Einteilung der Bodenformen in Trockenböden (aride B.) und Feuchtböden (humide B.) ist durch E. Hilgard erfolgt. Hilgard nahm das Klima zur Grundlage und wollte durch die von ihm gewählten Bezeichnungen aussprechen: Böden arider und Böden humider Klimate. Die Bezeichnung ist aber auch für die Böden selbst berechtigt.[72])

Die Böden gehen aus der Verwitterung von Gesteinen hervor. Bei der Verwitterung werden Stoffe gebildet, die in der Bodenflüssigkeit löslich sind. Die dem Boden durch Niederschläge zugeführten Wassermengen unterliegen entweder der Verdunstung oder werden durch Sickerwässer abgeführt. Bei der Verdunstung bleiben die gelösten Salze im Boden zurück. Sickerwasser entführen dagegen die gelösten Stoffe dem Boden. Welcher Vorgang überwiegt, hängt von dem Verhältnis zwischen Niederschlagmenge und Verdunstung ab, also hauptsächlich von klimatischen Bedingungen. Es war daher berechtigt, den Klimawert der Bodeneinteilung zu Grunde zu legen. Alle Gebiete, in denen die Niederschläge höher sind, als die von der Bodenoberfläche abdunstende Wassermenge, geben den Überschuß als Sickerwasser ab; es sind Böden feuchter Klimate oder kurz Feuchtböden. Ihnen stehen die Böden der Gebiete gegenüber, in denen die Verdunstung hoch ist, so daß beträchtlich mehr Wasser verdunsten könnte, als den Böden durch Niederschläge zugeführt wird. Sickerwässer werden unter solchen Bedingungen nicht oder doch nicht in erheblicher Menge gebildet. Es sind die Böden trockner Klimate, kurzweg Trockenböden.

Theoretisch würden sich zwischen beiden Gruppen Übergangsböden einschieben, bei denen Verdunstung und Sickerwasserbildung sich die Wage halten. Praktisch sind derartige Böden nicht bekannt. Dagegen gibt es zahlreiche Bodenformen in Gegenden mit Wechselklima, die einen Teil des Jahres humiden, einen anderen Teil des Jahres ariden Bedingungen unterliegen. Je nach den vorherrschenden Eigenschaften der Bodenformen kann man Feucht-Trockenböden oder Trocken-Feuchtböden unterscheiden Für diese Bodenformen ist bisher die Bezeichnung semiarid im Gebrauch, semihumide Böden sind früher nicht unterschieden worden; ihre Verbreitung ist erheblich geringer als die der Böden ariden Charakters. Die Ursache ist darin zu suchen, daß bei gleichen Wassermengen die Wirkungen aufsteigender Wasserströme stärker sind, als die absinkender (vergl. S. 14).

Hiernach ergibt sich für die Bodenformen die Einteilung in Gruppen:

Hauptgruppe A: Feuchtböden.

Untergruppe I: Böden dauernd feuchter Klimate.

Untergruppe II: Böden der Gebiete mit jahreszeitlichem Klimawechsel.

Hauptgruppe B: Trockenböden.

Untergruppe I: Böden der Klimate mit jahreszeitlichem Wechselklima.

Untergruppe II: Böden der dauernd trocknen Klimate.

Die Feuchtböden. Die Feuchtböden unterliegen der Auswaschung durch Sickerwasser. Das Maß der Auswaschung ist vom Fortschritt der Verwitterung und von der lösenden Wirkung des Wassers abhängig. Beide Werte, namentlich aber die Verwitterung wachsen mit steigender Temperatur. Ein weiterer Faktor der Bodenbildung humoser Stoffe im Boden wird zwar vom Verhältnis zwischen Bildung organischer Stoffe und deren Abbau bestimmt, aber auch hier ist die Temperatur von großem Einfluß. Es ist daher zweckmäßig, für die Feuchtböden zur weiteren Gliederung die Höhe der herrschenden Temperatur heranzuziehen und die Einteilung nach den gebräuchlichen Klimazonen vorzunehmen. Es unterscheiden sich dann die Böden:

a) kalten Klimas;

b) gemäßigten Klimas $\left\{\begin{array}{l} \text{1. kühlen gemäßigten Klimas,} \\ \text{2. warmen gemäßigten Klimas;} \end{array}\right.$

c) des subtropischen Klimas;

d) des Tropenklimas.

Die Trockenböden stehen wesentlich unter dem Einfluß der Stärke der Verdunstung, beziehentlich dem Verhältnis zwischen der Höhe der Niederschläge und der Höhe der Verdunstung. Die Stärke der herrschenden Verdunstung ist abhängig von Temperatur und dem Dampfgehalt der Luft. Zur Gliederung der Klimate würde am geeignetsten eine Größe sein, in der beide angemessen vertreten sind, das Sättigungsdefizit entspricht dieser Forderung. Leider fehlt in den meteorologischen Veröffentlichungen dieser für die Biologie wie Bodenkunde gleichmäßig wichtige Wert, mit der bekannt gegebenen relativen Feuchtigkeit läßt sich für diese Zwecke wenig anfangen. Es bleibt daher zur Zeit nichts weiter übrig, als vom mehr oder weniger ausgeprägten Trockenklima zu sprechen und danach Unterabteilungen zu bilden. Für die Ziele der Bodenkunde genügen deren drei; man kann unterscheiden Böden unter:

a) gemäßigtem Trockenklima;

b) mittelstrengem Trockenklima;

c) strengem Trockenklima.

Die Böden der Gebiete mit jahreszeitlichem Wechselklima schließen sich den Einteilungen der beiden Hauptgruppen sinngemäß an.

Die Einwirkungen, welche die Bodeneigenschaften beeinflussen, ohne an Klimagebiete gebunden zu sein, sind als Ortseinflüsse, die davon betroffenen Böden als Ortsböden bezeichnet worden. Einzelne Bodeneigenschaften, wie sie z. B. die Korngrößen der Böden verursachen, können in jedem Klima auftreten. Bodenbezeichnungen wie Sand, Ton usw. sind daher weniger Einteilungsgrundlagen als Hilfsmittel der Bodenbeschreibung, als solche aber von großer Wichtigkeit. Ihre Anwendung ist überall zulässig, wenn man sich bewußt bleibt, daß mit der Bezeichnung nur eine bestimmte Bodeneigenschaft, bei dem angegebenen Beispiel die Korngrößen des Bodens zum Ausdruck gebracht wird.

System der Böden.

	Feuchtböden (humide Böden)		Trockenböden (aride Böden)	
		trocken-feuchte Böden (semihumid)	feucht-trockene Böden (semiarid)	
I. Kalte Zonen und Regionen.	1. Arktisch: Rautenböden (Fließerden). 2. Boreal: Tundraböden. Ortsböden: Torfhügeltundra. 3. Regional: Spaltenfrostböden, Berg-wiesenböden, Bergtorfböden, auf Kalk: Alpenhumus.	?	Böden des Innern von Grönland, Spitzbergen. Regional: Wüsten und Hochländer Asiens.	
II. Kühle, ge-mäßigte Zone.	**A. Nordische Grauerden.** a) nordische Sand-Humusböden, b) Podsol, c) Bleicherde-Waldböden. Ortsböden. 1. Unterwasserböden. a) Mineralböden unter Wasser, b) Mudde oder Faulschlammböden, c) Humusböden, α) Flachmoortorf, β) Waldtorf, γ) Hochmoortorf, δ) Moderboden. 2. Unter Einfluß des Grundwassers stehende Böden. a) Gleiböden, b) Wiesenböden, c) Raseneisensteinböden.			

Zone				

Gemäßigte Zone. Warme gemäßigte Zone.	3. Böden mit fortdauernder Stoffzufuhr.
	  a) Aueböden,
	  b) Marschböden.
	4. Salzhaltige Böden des Bleicherde-gebietes.
	5. Fließerden.
	Regional: Grauerden verschiedener Formen.
	B. Braunerden.
	Ortsböden.
	Nach dem Grundgestein zahlreiche Ortsböden.
	  a) Massengesteine,
	  b) Schiefer,
	  c) Sandsteine,
	  d) Karbonatgestein,
	  e) Karstroterden.
		Randböden auf Kalkstein.
		Im Norden: humusreiche schwarze Böden, im Süden: Roterden.
			Die Bodenformen sind stark von der zunehmenden Verdunstung und abnehmenden Niederschlägen abhängig, Tempertureinfluß tritt zurück.
			1. Steppenschwarzerden.
			Klima mäßig trocken { Tschernosem, Prärieböden;
			Klima stark trocken { kastanienfarbige Böden, durch Humus braun gefärbte Böden.
			2. Steppenbleicherden.	

III. Subtropisch.	**Gelberden. (?)**		Gelberden.
			Roterden.
			Subtropische Schwarzerden.
			  a) Regur,
			  b) Tîrs,
			  c) nordamerikan. südliche Prärien.
			Rindenböden.
				Rinden-böden, Wüsten-böden.

IV. Tropen.	**Laterit.** **Roterden.** **Rotlehme.** **Tropische Braunerden.** **Tropische Bleicherden.**	Savannen-böden.	Roterden.	Tropische Wüsten-böden.

Allen Bodenreihen sind, soweit vorhanden, einzuordnen:
1. Nach der Körngröße: Sand-, Lehm-, Staub-, Tonböden.
2. Unterwasserböden.
3. Humusböden.
4. Ortsunstete Böden (Dünen, Flugsand, Flugstaub).
5. Böden mit dauernder Stoffzufuhr: Aueböden, Wattenböden.
Biologisch beeinflußte Böden sind bei den Standortsbeschreibungen einzutragen.

Schwierigkeiten bietet die Einordnung der ortsunsteten Wanderböden; Dünen z. B. finden sich an Küsten aller Klimate, an Flüssen mit starken Schwankungen der Hochwässer in gemäßigten Trockengebieten, sowie unter strengem Trockenklima auf allen sandführenden Strecken. Man wird sie zweckmäßig als Ortsböden neben die jedesmal herrschende Bodenform stellen; sie kehren daher in verschiedenen Klimaten wieder.

Den Einfluß der Organismen auf die Bodeneigenschaften bringt man zweckmäßig bei der Bodenbeschreibung zum Ausdruck. Die Bodenbeschreibung soll alle Faktoren, welche den Boden beeinflussen, zum Ausdruck bringen. Je nach den Zwecken, welchen die Bodenbeschreibung dienen soll, wird sie ausführlicher oder einfacher sein können.

Überblickt man die Zusammenstellung, so scheint die Einordnung der Bodenformen in Bodenzonen und Bodenregionen auf klimatischer Grundlage eine geeignete Form der Bodeneinteilung in große Gruppen zu sein; die Berücksichtigung der örtlichen Einflüsse führt zur weiteren Gliederung und gestattet, die verschiedenen Ortsböden in den großen Rahmen der Klimazonen einzuordnen. Es wird so der Mannigfaltigkeit der vorkommenden Böden Rechnung getragen, ohne den inneren Zusammenhang zu stören.

In der Zusammenstellung (S. 110—111) mag man den Ausdruck unserer jetzigen Kenntnis der Bodenformen sehen.

Anmerkungen.

[1]) Vielfach wird der Boden auch definiert als „die zum Pflanzentragen geeignete obere Erdschicht."

[2]) E. Ramann. Meteorol. Zeitschr. 1912. S. 570.

[3]) Die Arbeiten E. Wollnys finden sich in den Forschungen der Bodenphysik. Heidelberg, Winterscher Verlag. Band 1—20.

[4]) Gregor Kraus, Boden und Klima auf kleinstem Raum. Jena 1911.

[5]) E. Hilgard kommt wiederholt auf die ausdörrende und die Pflanzenwurzeln beschädigende Wirkung der Winde zurück. Soils. New York 1906.

[6]) Die Gesetze der chemischen physikalischen Chemie in W. Nernst, Theoretische Chemie; eine kurze klare Übersicht der wichtigsten hier in Betracht kommenden Grundlagen bei H. Danneel, Elektrochemie I u. II, Sammlung Göschen.

[7]) Wohl zuerst ausgesprochen von P. Vageler, Die Mkatta-Ebene, Berlin 1910, Tropenpflanzer, Beihefte 4/5.

[8]) Literatur und Beispiele in E. Ramann, Bodenkunde, 3. Aufl., 1911, S. 24.

[9]) R. Lang. Centralbl. Min. Geol. Palaeont. 1914. S. 513.

[10]) H. Kappen. Landw. V. Stat. 89. S. 39. 1916.

[11]) A. Mitscherlich. Bodenkunde. 1. Aufl. Berlin 1905.

[12]) E. Ramann. Bodenkunde. 3. Aufl. S. 329. Über Wasserbewegung im Boden vgl. J. Versluys, De capillaire werkingen in den bodem. Dissert. Techn. Hochsch. Delft 1917.

[13]) Die Bestimmung der Diffusion des Wasserdampfes zwischen Boden und Luft bietet große Schwierigkeiten; es muß sich aber um beträchtliche Wassermengen handeln, welche auf diesem Wege aus dem Boden ausscheiden.

[14]) E. Hilgard. Soils. S. 429. New York 1906.

[15]) P Ehrenberg. Bodenkolloide. S. 333. 1915.

[16]) B. Frosterus. Geologiska Kommissionen i Finland. Geotekniska Meddelanden. No. 10. 1912.

[17]) E. Ramann. Bodenkunde. 3. Aufl. S. 171, 190. Die dort gegebene Einteilung der Humus- und Torfablagerungen ist hier vervollständigt. 1911.

[18]) E. Hilgard. Soils. 1906.

[19]) F. A. Fallou, Ackererde des Königreichs Sachsen. Leipzig 1855.

[20]) J. Höfle. (Noch unveröffentlicht, erscheint in den Mitt. d. geogr. Ges. von München.)

[21]) Literatur in Z. d. geol. Ges. 1915. S. 283.

[22]) E. Ramann. Zeitschr. d. geol. Ges. 1915. S. 275.

[23]) K. Glinka, Typen der Bodenbildung. S. 96. Berlin 1914.

[24]) Peter Treitz. Jahrb. ung. geol. Reichsanstalt. 1913. S. 476.

[25]) J. Mohr. Bull. de Dep. de l'Agricult. aux Indes Néerlandaises. No. 47. Buitenzorg. 1911.

[26]) E. Wüst. Zeitschr. f. prakt. Geol. 15. S. 3. 1907.

[27]) K. Glinka. Literatur in Typen der Bodenbildung. 1914. S. 218.

[28]) Korschinski. Arb. d. naturf. Ges. Kasan 1887 u. 1888 (russisch).

[29]) E. Ramann. Bodenkunde. 3. Aufl. S. 526.

[30]) Hoppe-Seyler. Zeitschr. f. physiol. Chemie. 10. S. 422.

[31]) E. Wollny, Einfluß der Pflanzendecke und Beschattung. Berlin 1877.

[32]) E. Ramann. Bodenkunde. 3. Aufl. S. 447.

[33]) H. Snyder. Minnesota Agr. St. Bull., 30, S. 163, 1893; Bull. 53, 1897; Bull. 89, 1905.

[34]) K. Glinka. Typen der Bodenbildung. S. 328.

[35]) C. F. Coffey. N. A. Dep. of Agr.: Bur. of soils. Bull. 35.

[36]) H. Buchanan. 1807.

[37]) E. Hilgard, Einfluß des Klimas auf Bildung und Zersetzung des Bodens. Heidelberg 1893.

[38]) Kostytschew. Bildung des Tschernosems. 1886. (Russisch.)

[39]) Vageler, Die Mkatta-Ebene. Tropenpflanzer. Beilageheft 4/5. 1910.

[40]) E. Hilgard. Soils. S. 377.

[41]) Dokutschajew. Der russische Tschernosem. 1883. (Russisch.)

[42]) E. Ramann. Zeitschr. Ges. f. Erdkunde. Berlin 1902.

[43]) E. Ramann. Zeitschr. f. Forst- u. Jagdwesen. 1883. S. 633.

[44]) E. Ramann. Zeitschr. d. geol. Ges. 1915. S. 275.

[45]) Dokutschajew vgl. K. Glinka. Bodentypen. S. 344.

[46]) Vogel von Falckenstein und H. von Romberg. Int. Mitt. f. Bodenkunde. 5. S. 77. 1915.

[47]) Literatur über nordische Böden. Zeitschr. d. geol. Ges. S. 275. 1915. — K. Glinka. Typen der Bodenbildung. S. 173.

[48]) Ssuskatschew. Ber. K. Akad. d. Wissensch. St. Petersburg 1911.

[49]) Kihlmann Pflanzenbiol. Stud in Russisch Lappland 1890. — Tanfiljew. Polare Grenze des Waldes in Rußland. Odessa 1911.

[50]) Bogoslowski in K. Glinkas Bodentypen. S. 175.

[51]) E. Ebermayer. Forschg. d. Agrikulturphysik. 10. S. 383.

[52]) H. Hesselman. Meddel. f. statens skogs forsögsanstalt. 1910. Heft 7.

[53]) P. E. Müller, Die natürlichen Humusformen. Berlin 1887.

[54]) H. Fischer. Int. Mitt. f. Bodenkunde. 5. S. 525. 1915.

[55]) Die Einteilung der Torfformen in die drei selbständigen Gruppen des Verlandungstorfes, Waldtorfes und Hochmoortorfes ist hier zuerst durchgeführt.

[56]) G. Wysotzky. Russ. Zeitschr. f. Bodenkunde. 1905.

[57]) K. Glinka. Typen der Bodenbildung. S. 74.

[58]) Wesenberg-Lund. Prometheus. 16. S. 579. 1905.

[59]) van Bemmelen. Landw. V. Stat. 8. S. 264. 1866. — P. Ehrenberg. Die Bodenkolloide. S. 333.

[60]) van Bemmelen. Zeitschr. f. anorg. Chem. 22. S. 313. 1900. — B. Frosterus, Geol. Kommiss. i Finland, Geotekniska Medd. 10, 1912 und Einteilung der Böden im NW-europäischen Moränengebiet, 1914.

[61]) F. Schucht, Das Wasser und seine Sedimente im Flutgebiet der Elbe. Journ. f. Landwirtschaft. 53. S. 327. 1905.

[62]) C. Grebe. Forstl. Gebirgs- u. Bodenkunde. 1886. — F. A. Fallou, Pedologie. Dresden 1862.

[63]) Vgl. E. Blanck. Land. Vers. Stat. 87. S. 251. 1917.

[64]) K. Glinka. Typen der Bodenbildung. S. 127.

[65]) C. F. Coffey. N. A. Bur. of Soils Bull. 85.

[66]) K. Glinka. Typen der Bodenbildung. S. 328.

[67]) K. Glinka a. a. O. S. 177.

[68]) A. Beyer, Z. d. geol. Ges.

[69]) C. Kaiser. N. Jahrb. Min. Geol. 1907. II. S. 42.

[70]) F. Wohltmann. Tropische Agrikultur. 1892.

[71]) P. Vageler, Die Mkatta-Ebene 1910. Beihefte z. Tropenpflanzer 4/5. Die Ugogo-Steppe. Naturw. Wochenschr. 1912. S. 212. — Metzger. Dissertation. Univ. München. Forstwirtschaft in Togo. 1911.

[72]) R. Lang. Centralbl. f. Min. Geol. u. Pal. 1914. S. 513. — Einteilung der Böden. Int. Mitt. für Bodenkunde. 5. S. 341. 1915.

Namen- und Sachregister.

Die Zahlen geben die Seiten an.

Buchdruckerei Julius Klinkhardt, Leipzig.

Bodenkunde. Von **Dr. E. Ramann,** o. ö. Professor an der Universität München. Dritte, umgearbeitete und verbesserte Auflage. Mit 63 Textabbildungen und 2 Tafeln.

Preis M. 16.—; gebunden M. 17.40.

Die Waldstreu und ihre Bedeutung für Boden und Wald. Von **Dr. E. Ramann,** o. ö. Professor an der Universität München.

Preis M. 2.—.

Holzfütterung und Reisigfütterung. Ein neues, einfaches und billiges Verfahren der Tierernährung. Von Professor **Dr. E. Ramann,** und **von Jena-Cöthen.**

Preis M. 1.—.

Studien über die natürlichen Humusformen und deren Einwirkung auf Vegetation und Boden. Von **Dr. P. E. Müller** (Kopenhagen). Mit analytischen Belegen von **C. F. A. Tuxen,** mit in den Text gedruckten Holzschnitten und sieben lithographierten Tafeln.

Preis M. 8.—.

Die nordwestdeutsche Heide in forstlicher Beziehung. Von **F. Erdmann,** Forstmeister zu Neubruchhausen. Preis M. 1.60.

Die Aufforstung landwirtschaftlich minderwertigen Bodens. Eine Untersuchung über die Zweckmäßigkeit der Aufforstung minderwertig oder ungünstig gelegener landwirtschaftlich benutzter Flächen mit besonderer Berücksichtigung des Kleinbesitzes. Vom Kgl. Sächs. Ministerium des Innern preisgekrönte Arbeit. Von **Dr. K. J. Möller,** Kgl. Forstassessor in Schandau i. S. Preis M. 2.80.

Die Pflanzenzucht im Walde. Ein Handbuch für Forstwirte Waldbesitzer und Studierende. Von **Dr. Hermann von Fürst,** Oberforstrat, Direktor der Forstlehranstalt Aschaffenburg. Mit 66 Textfiguren. Vierte, vermehrte und verbesserte Auflage.

Preis M. 7.—; gebunden M. 8.20.

Die forstliche Bestandesgründung. Ein Lehr- und Handbuch für Unterricht und Praxis. Auf neuzeitlichen Grundlagen bearbeitet von **Hermann Reuß,** Direktor der höheren Forstlehranstalt Mähr.-Weißkirchen. Mit 64 Textabbildungen.

Preis M. 8.—; gebunden M. 9.20.

Pflanzenphysiologie. Von Professor **Dr. W. Palladin,** bearbeitet auf Grund der 6. russischen Auflage. Mit 180 Textfiguren.

Preis M. 8.—; gebunden M. 9.—.

Geb. Bücher z. Zt. mit 10⁰/₀ Aufschlag für Einbandmehrkosten